DEBUT D'UNE SERIE DE DOCUMENTS
EN COULEUR

GUIDES VÉLOCIPÉDIQUES

RÉGIONAUX

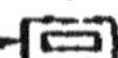

L'AUVERGNE

ET LES

Causses des Cévennes

PAR

A. DE BARONCELLI

Prix : 2 francs

PARIS

ous les Libraires et Fabricants de Vélocipèdes

TABLE DES PRINCIPALES LOCALITÉS

Les hôtels précédés d'un astérisque sont particulièrement recommandés aux touristes cyclistes.

Imp. C. Lamy, 124, bd de La Chapelle. 7573

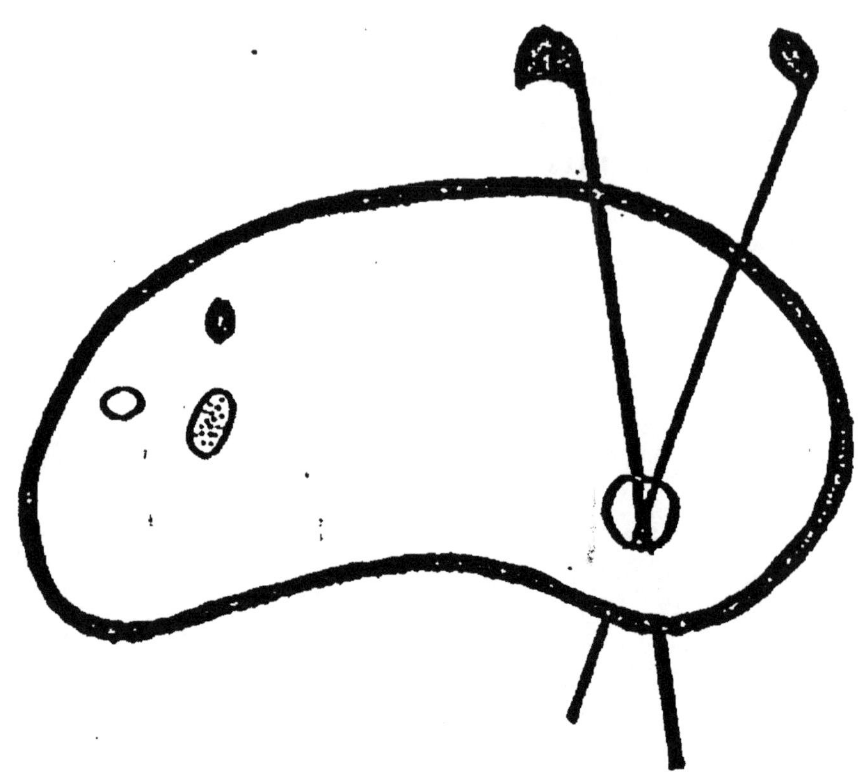

FIN D'UNE SERIE DE DOCUMENTS
EN COULEUR

GUIDES VÉLOCIPÉDIQUES

RÉGIONAUX

L'AUVERGNE

ET LES

Causses des Cévennes

PAR

A. DE BARONCELLI

Prix : 2 francs

PARIS

Chez tous les Libraires et Fabricants de Vélocipèdes

GUIDES BARONCELLI

LES ENVIRONS DE PARIS, détaillés dans un rayon de 140 kilomètres, avec l'Itinéraire abrégé de la France, indiquant les voies vélocipédiques les plus directes pour se rendre de Paris à tous les Chefs-Lieux de Département et d'Arrondissement, Stations thermales et balnéaires, ainsi qu'à Londres, Bruxelles, Genève, Gênes et Turin, 16e édition....... 5 fr. »

LA FRANCE, guide routier à l'usage des cyclistes et de la locomotion automobile, indicateur des distances avec annotations, contenant la nomenclature générale des routes qui relient tous les Chefs-Lieux de Département et d'Arrondissement, nouvelle édition. 5 fr. »

L'AUVERGNE ET LES CAUSSES DES CÉVENNES.............................. 2 fr. »

LA BRETAGNE, plages bretonnes......... 2 fr. »

LES VOSGES, région française des lacs et des stations thermales.............................. 1 fr. 75

LA NORMANDIE, plages normandes, 2e édit. 1 fr. 75

LA TOURAINE, châteaux des bords de la Loire, 2e édition.......................... 1 fr. »

FONTAINEBLEAU, forêt et environs, 2e édit. 1 fr. »

VÉLOCIPÉDIE PRATIQUE, petit manuel du cycliste touriste.................................. 1 fr. 75

En préparation :

LA PROVENCE, stations d'hiver du littoral de la Méditerranée.

LE DAUPHINÉ ET LA SAVOIE.

LES PYRÉNÉES.

PRÉFACE

Ayant souvent constaté combien de cyclistes, à la veille d'entreprendre une excursion un peu prolongée, sont embarrassés sur le choix du voyage et pour en établir d'avance les étapes, nous pensons pouvoir leur être utile en publiant un itinéraire spécial pour chacune des principales régions les plus intéressantes de la France.

*C'est dans cette intention que nous présentons aujourd'hui, aux touristes cyclistes, le guide de l'***Auvergne***, le cinquième de la série que nous comptons faire paraître.*

Afin de rendre nos itinéraires accessibles en venant les rejoindre de n'importe quelle direction, nous les avons tracés circulaires, de telle sorte qu'en prenant pour point de départ une des villes quelconques de l'itinéraire, on puisse revenir à cette ville tout en ayant parcouru l'excursion entière et vu les curiosités les plus importantes de la région.

Toutefois, voulant rendre l'ouvrage très portatif, nous nous sommes bornés à donner la description de la route au point de vue purement vélocipédique, à l'indication exacte des distances séparant les localités, au bon choix des hôtels (toujours se présenter avec notre guide) et au partage qui nous a paru le plus rationnel des étapes journalières.

Quant aux longueurs des côtes et des espaces pavés, nous adopterons, pour les mesurer, le temps de marche nécessaire à franchir ces passages à pied, à raison d'environ 4 ou 5 kilomètres à l'heure, aussi exprimerons-nous leur durée en minutes et en heures.

Pour l'historique des villes et les promenades à faire dans celles-ci, nous conseillons aux cyclistes de se munir du Guide Joanne, *correspondant à la partie visitée de l'Auvergne et des Cévennes.*

Le touriste, préférant bien voir en détail et sans fatigue, désirant séjourner quelques heures dans les localités qui offrent de l'intérêt et conserver de son excursion un souvenir durable, suivra à la lettre nos étapes; cependant s'il se sent de force, rien ne l'empêchera de les doubler, mais nous ne saurions l'y engager à moins qu'il veuille se contenter d'impressions fugitives, résultat inévitable d'un voyage fait trop à la hâte.

PLAN DU VOYAGE

**Vichy, Clermont-Ferrand, Royat, Le Puy-de-Dôme,
Le Mont-Dore, Le Puy de Sancy,
La Bourboule, Saint-Nectaire (ou Besse),
Issoire, Brioude, Le Puy,
Langeac, Saint-Flour, Le Pont de Garabit,
Saint-Chély-d'Apcher,
Marvejols, Mende, Le Causse de Sauveterre,
Sainte-Énimie, Les Gorges du Tarn, Le Rozier,
La Grotte de Dargilan, Meyrueis,
La Grotte et la Cascade de Bramabiau, L'Aigoual,
Nant, Montpellier-le-Vieux, Millau, Rodez,
Le Gouffre du Tindoul, Bozouls,
Espalion, Mur-de-Barrez, Le Pont de La Cadenne,
Chaudesaigues, Saint-Flour, Murat,
Le Lioran, Le Plomb du Cantal, Vic-sur-Cère,
Aurillac, Tournemire,
Saint-Martin-Valmeroux, Salers,
La Cascade de Salins, Mauriac, Bort, Tauves,
Pontgibaud, Volvic, Tournoël, Châtelguyon,
Riom, Aigueperse, Effiat, Gannat, Vichy.**

(Pour ce voyage, consulter les feuilles de la Carte de France du Ministère de la Guerre, au 200.000e, portant les nos 46, 52, 58, 59 et 65.)

Nota. — Le cycliste venant de Paris se rendra à Vichy, soit par le chemin de fer (40 fr. 85; 27 fr. 60; 17 fr. 55), soit par la route. Dans ce dernier cas il pourra suivre l'itinéraire suivant de **Paris à Montargis**, dont la description détaillée se trouve dans notre *Guide des Environs de Paris* :

PAR VILLENEUVE-SAINT-GEORGES, MONTGERON, LA PYRAMIDE-DE-BRUNOY, LIEUSAINT, MELUN, LA TABLE-DU-ROI, LA CROIX-DU-GRAND-VENEUR, FONTAINEBLEAU, BOURRON, NEMOURS, SOUPPES, FONTENAY ET MONTARGIS.

Distance : **105** kil. **150** m. *Pavé :* **2** h. **57** min.
Côtes : **32** min.

De **Montargis à Vichy, 233** kil., par Nogent-sur-Vernisson (17 — Hôt. de la *Gare*), La Bussière (12), **Briare** (12 — Hôt. de la *Poste*), Bonny-sur-Loire (12 — Hôt. de la *Poste*), **Neuvy-sur-Loire** (5 — Hôt. *Saint-Nicolas*), La Celle-sur-Loire (7), Myenne (3), **Cosne** (4 — Hôt. du *Grand-Cerf*), **Pouilly-sur-Loire** (15 — Hôt. de l'*Ecu*), Mesvres (6), **La Charité-sur-Loire** (8 — Hôt. du *Grand-Monarque*), **Pougues-les-Eaux** (13 — Hôt. de *France*), **Nevers** (12 — Hôt. de l'*Europe*), Magny-Cours (13), **Saint-Pierre-le-Moutier** (10 — Hôt. du *Commerce*), Saint-Imbert (9), Villeneuve-sur-Allier (10 — Hôt. de *Paris*), **Moulins** (12 — Hôt. du *Dauphin*), Bessay (15), **Varennes-sur-Allier** (15 — Hôt. de la *Poste*), Créchy (7), Billy (3), Saint-Germain-des-Fossés (2 — Hôt. du *Parc* — Buffet de la Gare), **Cusset** (9 — Hôt. du *Globe*) et Vichy (3).

Conseils. — Le cycliste voyageant en Auvergne et dans les Cévennes devra munir sa machine d'un frein. Il serait même prudent d'en avoir deux : le premier appliqué à la roue de devant, le second à la roue d'arrière. Cette précaution permettra de descendre agréablement les côtes tout en se reposant.

Quant aux bandages, de bons caoutchoucs creux seront toujours préférables aux pneumatiques.

DURÉE DU VOYAGE

En trente-cinq jours, si on suit à la lettre l'itinéraire entier selon la division du temps indiqué à la page VIII; en seize jours, si on se contente de visiter l'Auvergne, en négligeant le détour par Le Puy et les Causses des Cévennes. Dans ce dernier cas, le 7e jour sera employé à l'étape directe d'Issoire à Massiac; et le 8e jour, à celle de Massiac au Lioran. On terminera l'itinéraire selon la division du temps indiqué depuis le 28e jour.

Le touriste, accomplissant l'itinéraire entier, peut néanmoins abréger de trois jours en négligeant le détour par Le Puy. Dans ce cas, le 7e jour sera employé à l'étape directe d'Issoire à Massiac; et le 8e jour à celle de Massiac à Saint-Flour. Il continuera ensuite l'itinéraire selon la division du temps indiquée depuis le 12e jour.

DIVISION DU TEMPS

1er Jour. — S'arranger pour arriver la veille au soir à Vichy. Le lendemain matin visite de la ville de Vichy (*V.* page 124). Déjeuner à Vichy. Dans la journée, excursion réunie des Malavaux, de l'Ardoisière et du château de Bourbon-Busset. Dîner et coucher à Vichy.

2e Jour. — Départ de Vichy. Déjeuner à Randan, visite du parc du château de Randan. Dîner et coucher à Clermont-Ferrand.

3e Jour. — Dans la matinée, visite de la ville de Clermont-Ferrand. Déjeuner à Clermont-Ferrand. Dans la journée excursion soit au plateau de Gergovie et au mont Rognon, soit à Royat et au puy de Dôme. Dîner et coucher à Clermont-Ferrand.

4e Jour. — Départ de Clermont-Ferrand. Déjeuner à Randanne. Dîner et coucher aux Bains du Mont-Dore.

5e Jour. — Dans la matinée, visite des bains du Mont-Dore. Déjeuner au Mont-Dore. Dans la journée, excursion soit aux bains de la Bourboule, soit au puy de Sancy. Dîner et coucher au Mont-Dore.

6e Jour. — Départ du Mont-Dore. Déjeuner à Murols, visite du château. Passage aux bains de Saint-Nectaire. Dîner et coucher à Issoire.

7e Jour. — Départ d'Issoire après le déjeuner. Dîner et coucher à Brioude.

8e Jour. — Départ de Brioude. Déjeuner à Saint-Georges-d'Aurac. Dîner et coucher au Puy.

9e Jour. — Dans la matinée, visite de la ville du Puy. Déjeuner au Puy. Dans la journée, visite du musée Crozatier; excursion à Brives-Charensac en tramway. Dîner et coucher au Puy.

10e Jour. — Départ du Puy après le déjeuner. Dîner et coucher à Langeac.

11e Jour. — Départ de Langeac. Déjeuner à Pinols. Arrivée à Saint-Flour, visite de la ville. Dîner et coucher à Saint-Flour.

12e Jour. — Départ de Saint-Flour. Déjeuner à Garabit. Dîner et coucher à Saint-Chély-d'Apcher.

13e Jour. — Départ de Saint-Chély-d'Apcher après le déjeuner. Dîner et coucher à Marvejols.

14e Jour. — Départ de Marvejols après le déjeuner. Arrivée à Mende; visite de la ville. Excursion à l'ermitage de Saint-Privat. Dîner et coucher à Mende.

15e Jour. — Départ de Mende après le déjeuner. Arrivée à Sainte-Énimie. Excursion à l'ermitage de Sainte-Énimie. Dîner et coucher à Sainte-Énimie.

16e Jour. — Départ de Sainte-Énimie. Descente en barque des gorges ou canons du Tarn. Déjeuner au château de la Caze. Dîner et coucher au Rozier.

17e J[illegible]. — Départ du Rozier. Déjeuner à Dargilan, visite de la grotte. Dîner et coucher à Meyrueis.

18e Jour. — Départ de Meyrueis. Déjeuner à Camprieu. Visite de la grotte et de la cascade de Bramabiau. Dîner et coucher à l'Aigoual.

19e Jour. — Départ de l'Aigoual après le déjeuner. Dîner et coucher à Nant.

20e Jour. — Départ de Nant. Arrivée à la Roque-Sainte-Marguerite. Excursion à Montpellier-le-Vieux. Déjeuner à la Roque-Sainte-Marguerite. Arrivée à Millau, visite de la ville. Dîner et coucher à Millau.

21e Jour. — Départ de Millau. Déjeuner à Sévérac-le-Château. Dîner et coucher à Rodez.

22e Jour. — Dans la matinée, visite de la ville de Rodez. Déjeuner à Rodez. Dans la journée, excursion à l'abbaye de Bonnecombe. Dîner et coucher à Rodez.

23e Jour. — Départ de Rodez. Visite du gouffre du Tindoul. Passage à Bozouls. Arrivée à Espalion, visite de la ville. Dîner et coucher à Espalion.

24e Jour. — Départ d'Espalion. Déjeuner à Entraygues-sur-Truyère. Dîner et coucher à Mur-de-Barrez.

25e Jour. — Départ de Mur-de-Barrez. Passage au pont de la Cadenne. Déjeuner à Sainte-Geneviève. Dîner et coucher à Chaudesaigues.

26e Jour. — Départ de Chaudesaigues après le déjeuner. Dîner et coucher à Saint-Flour.

27e Jour. — Départ de Saint-Flour. Déjeuner à Murat, visite de la ville. Dîner et coucher au Lioran.

28e Jour. — Départ du Lioran. Déjeuner à Vic-sur-Cère. Arrivée à Aurillac, visite de la ville. Dîner et coucher à Aurillac.

29e Jour. — Départ d'Aurillac après le déjeuner. Passage à Tournemire. Dîner et coucher à Saint-Martin-Valmeroux.

30e Jour. — Départ de Saint-Martin-Valmeroux. Arrivée à Salers, visite de la ville. Départ de Salers après le déjeuner. Passage à la cascade de Salins. Arrivée à Mauriac, visite de la ville. Dîner et coucher à Mauriac.

31e Jour. — Départ de Mauriac. Déjeuner à Vendes. Arrivée à Bort, visite de la ville et ascension des Orgues de Bort. Dîner et coucher à Bort.

32e Jour. — Départ de Bort après le déjeuner. Dîner et coucher à Tauves.

33e Jour. — Départ de Tauves. Déjeuner au Pont à Sainte-Sauves. Arrivée à Pontgibaud, visite du château. Dîner et coucher à Pontgibaud.

34e Jour. — Départ de Pontgibaud. Déjeuner à Volvic. Visite du château de Tournoël. Passage à Châtelguyon, visite de l'établissement thermal, du casino et du parc. Arrivée à Riom, visite de la ville. Dîner et coucher à Riom.

35e Jour. — Départ de Riom. Déjeuner à Aigueperse. Passage à Effiat, visite du château. Passage à Gannat, visite de la ville. Dîner et coucher à Vichy.

SIGNES ET ABRÉVIATIONS

Alt.	Altitude.	G.	Gauche.
Aub.	Auberge.	H.	Heure.
Ch.	Chemin.	Hab.	Habitant.
Ch.-l. d'arr.	Chef-lieu d'arrondissement.	Hôt.	Hôtel.
		Kil.	Kilomètre.
Ch.-l. de c.	Chef-lieu de canton.	M.	Mètre.
Ch.-l. de dép.	Chef-lieu de département.	Min.	Minute.
		R. r.	Route.
Dr.	Droite.	*V.*	*Voyez.*

Les chiffres suivis du signe ' indiquent un *nombre de minutes.*

Exemple : 12', soit douze minutes.

Les chiffres gras entre parenthèses indiquent les *distances* séparant les localités d'un même itinéraire.

GUIDE DE L'AUVERGNE

ET DES

CAUSSES DES CÉVENNES

DE VICHY A CLERMONT-FERRAND

PAR BOIS-RANDENAY, RANDAN, BARNAZAT, MARINGUES, JOZE ET PONT-DU-CHATEAU.

Distance : **58** kil. **200** m. *Pavé* : **14** min.
Côtes : **53** min.

Nota. — Pour l'emploi de chaque journée, *V.* à la *Division du Temps*, page VIII. Pour la visite de la ville de Vichy et de ses excursions, *V.* page 124. Les cyclistes qui voudront visiter le parc de Randan (l'intérieur du château n'est pas public) devront faire cette étape soit un Dimanche soit un Jeudi, seuls jours où l'entrée du parc est autorisée.

En quittant l'hôt. du *Louvre*, tourner à g. dans la rue de *Paris* et, encore à g., dans la rue de *Nîmes*. Parvenu à hauteur de l'hôt. d'*Orléans*, laissant à g. la r. de Thiers (36), suivre à dr. la rue de l'*Hôpital*, qui contourne le pavillon de la source de ce nom, et par la rue du *Pont*, à g., gagner le pont de Vichy; traverser l'*Allier*.

De l'autre côté du pont on laisse à g. la r. d'Hauterive (4.2) et, cent m. plus loin, abandonnant la r. de

Gannat (17.8), on prendra à g. (**1.3**) le ch. de Bois-Randenay.

En parcourant deux cents m. sur la r. de Gannat on trouve à g. le pavillon de la curieuse **source intermittente de Vesse** (entrée : 50 c.). Le jaillissement de cette source produit une gerbe d'eau bouillonnante s'élevant à 6 m. de hauteur. Les heures des jaillissements sont affichées à Vichy dans les principaux établissements.

Le ch. de Bois-Randenay s'élève sans discontinuer (25') jusqu'à la lisière de la forêt de la *Boucharde* et domine à dr. la vallée du *Sermont*. Au village de Bois-Randenay (**2.7**) remarquer sur la place un magnifique chêne. Plus loin, dépassant à dr. le ch. de Cognat (7), vous apercevez du même côté, sur la hauteur opposée, le village de Brughéas avec son château. La montée cesse en atteignant la bordure de la forêt de la Boucharde, mais la r. continue assez ondulée. Successivement elle dépasse les jolis carrefours des Bouchardes, près d'une coquette maison de garde (Côte : 7'), et celui des Trois-Seigneurs avant de descendre à Beauvezet (**6.5**), petit village situé dans une partie découverte de bois.

Après une côte (3'), la r., rentrant sous forêt, traverse de belles futaies aux ronds d'Orléans, des Trois-Frères et des Boules. A ce dernier carrefour (**2**) se détache à dr. la r. d'Aigueperse (12.5). Un kil. plus loin arrivé à Randan (**1.6** — Ch.-l. de c. — 1.694 hab.), on aura soin, sur la place de la Fontaine, d'obliquer à g. pour atteindre l'hôt. du *Parc*, où on déjeunera, voisin de la grille du parc du château de Randan.

Le **château de Randan**, qu'on ne peut apercevoir de la r., est fermé au public. Le parc seul est visible le Jeudi et le Dimanche de 1 h. à 6 h. Cette princière demeure appartient à Mme la comtesse de Paris.

De Randan une magnifique descente de trois kil. et demi conduit dans la large vallée qu'arrose le *Buron*. Après Barnazat (**4.5**), légère montée suivie d'ondulations en se rapprochant de la fertile vallée-plaine de la *Limagne*. La r., au terrain assez raboteux, descend d'abord rapidement vers un ruisseau, ensuite en pente douce jusqu'à Maringues (**8.5** — Pavé : 2' — Ch.-l. de c. — 3.326 hab. — Hôt. *Seguin*). A l'entrée de la localité, inclinant à g., on contourne en partie la ville et, plus bas, on prendra à g. la rue *Gabriel-Boudet* pour traverser la *Morges*. Plus loin, après une légère montée, on laisse à dr. une place, dite des *Echalas*, et la r. de Saint-Laure (3.6), pour continuer à g. (**0.7**) dans la direction de Pont-du-Château.

La r., excellente, court à travers une vaste plaine, traverse Joze (**6.2**), ensuite descend sans discontinuer, en se rapprochant des montagnes d'Auvergne; à dr., sur une hauteur, vous apercevez le village de Martres-d'Artières (**4.7**). On arrive au bas de Pont-du-Château à une sorte de rond-point (**4.4**) où il faut quitter la r. de Thiers (28), devant soi, pour monter à dr. (12') la rue de *Lyon* conduisant dans le haut de la ville (**1** — Ch.-l. de c. — 3.375 hab. — Hôt. des *Voyageurs*).

A la sortie de Pont-du-Château, la r., très large, ondule un moment, puis descend en droite ligne à travers la riche plaine de la Limagne; très belle vue de la chaîne du Puy-de-Dôme; on traverse le passage à niveau de la *ligne de Clermont-Ferrand à Thiers*. A g. apparaît le village de Lempdes (**4.8**) et, du même côté, en approchant de Clermont-Ferrand, s'élève le petit cône isolé du puy de *Crouel*.

A l'entrée de Clermont-Ferrand (Ch.-l. du dép. du Puy-de-Dôme — 50.119 hab.) on passe sous le pont du ch. de fer et, par l'avenue de *Lyon*, on atteint la place des *Carmes-Dechaux* (**7.9**). Ici monter à g. (6') la rue des *Jacobins* conduisant à la place *Delille*, où, inclinant à dr., on continuera par la rue de *Montlosier*, tracée en contre-bas de la terrasse de la place d'*Espagne* (belle vue). Plus loin, commence le pavage (12') de la rue *André-Moinier* menant à la place du *Poids-de-Ville* et, à g., par les rues *Saint-Louis* et de l'*Ecu*, on atteindra la place de *Jaude* (**1.4** — Atelier de réparation pour les machines : chez M. *Cavard*, 7, rue *Blatin*) où sont situés : à dr., l'hôt. de la *Poste* (excellente table) et, à g., le *Grand café Glacier*.

Visite de la ville de Clermont-Ferrand (environ 2 h. 1/2)[1]. — La Cathédrale. — Le square Blaise-Pascal. — L'église Saint-Eutrope. — Les fontaines pétrifiantes du Pont-Naturel, de Saint-Alyre et de la grotte du Pérou (rétribution, 25 c.). — L'Hôtel de Ville. — Le square de la place de la Poterne. — La place d'Espagne. — L'église Notre-Dame-du-Port. — La place Delille. — La fontaine d'Amboise. — Le jardin Lecoq. — Les Musées (ouverts de 10 h. à midi et de 1 h. 1/2 à 4 h., excepté le Lundi). — La fontaine de la Pyramide. — L'Hôtel-Dieu. — La Préfecture. — Le nouveau Théâtre. — Les rues tortueuses et les anciennes maisons de la vieille ville.

Excursions recommandées au départ de Clermont-Ferrand. — A. — A Gergovie et au **Mont-Rognon (19 kil. 800** m. aller et retour.— En voiture particulière : 15 à 20 fr.).

Itinéraire : Traverser la place de *Jaude* dans le sens de sa longueur et suivre, à dr. de la *statue de Desaix*, la rue *Gonod*, à laquelle fait suite le boulevard de *Gergovia*. Au tournant du boulevard, en vue du bureau de l'octroi, le quitter et continuer devant soi par l'avenue de *Beaumont*. La r. traverse des vergers et commence à monter durement (7') après la voûte de la *ligne de Clermont-Ferrand à Tulle*. Parvenu à hauteur de la *borne 60.3*, à l'angle d'une des premières maisons de **Beaumont**, dont le jardin est entouré d'une grille **(3)**, abandonner la r. de Rochefort et suivre le ch. à g. pendant 200 m.; puis, tourner encore à g. et ayant fait 20 m., devant la croix, prendre à dr. le ch. de Romagnat. Roulant entre des vignes, on se dirige vers la montagne de Gergovie; très belle vue à g. sur la ville de Clermont-Ferrand et la plaine de la Limagne, tandis qu'à dr. s'élève le Mont-Rognon couronné par une vieille tour en ruine. Petite descente rapide à la traversée d'un ruisseau, ensuite montée (3', 2' et 9') à Romagnat. Dans ce village, laissant à dr. **(3.3)** le ch. de Clémensat, on continuera à monter le ch. d'Opme, à g. du débit des *Défenseurs de Gergovia*, jusqu'au *café de Vercingétorix* **(0.3)**. Ici déposer sa machine, pour gravir à pied la montagne de Gergovie (1 h. 15', aller et retour).

Vis-à-vis le café de Vercingétorix, le sentier à dr. (facile à trouver) s'élève sur le flanc de la montagne entre des vignobles et le bord d'un petit ravin. Plus haut, il s'engage sous un bois d'acacias et atteint une crête où croise le ch. d'Opme à Gergovie. Vue étendue; devant vous, le village du Crest couronne une hauteur. Tournant à g., se diriger vers la cime de la montagne, et, après quelques

1. — Bien que nous ne donnions pas un itinéraire détaillé dans les villes, nous indiquons cependant les curiosités dans l'ordre où elles doivent être visitées; ainsi il sera toujours facile de se rendre d'un monument à un autre en se renseignant auprès des habitants.

m., laissant devant soi le ch. descendant au hameau de Gergovie, on tournera encore à g. pour se rendre sur le *plateau de Gergovie,* dont on pourra suivre un moment le bord (vue splendide). Ici s'élevait jadis l'ancienne ville de Gergovie, près de laquelle Vercingétorix défit les légions de César avant que la Gaule ne tombât définitivement sous la domination romaine.

Redescendre à Romagnat et suivre le ch. de Clemensat, à g. du débit des *Défenseurs de Gergovia.* La traversée du village donnera une première impression du genre pittoresque des petites localités auvergnates. Le ch. monte presque constamment (8' et 15') dans un vallon resserré entre la montagne de Gergovie et le Mont-Rognon. Au faîte de la côte, s'arrêter près des dernières maisons de Clemensat (**2**). Ici laisser en garde sa machine pour gravir à pied (1 h. aller et retour) le *Mont-Rognon.*

Monter à dr. le sentier qui s'ouvre près de deux habitations à escaliers extérieurs; il traverse des vignes et coupe un peu plus haut un autre ch. transversal; presqu'aussitôt vous apercevez la tour du Mont-Rognon, vers laquelle vous vous dirigerez (vue magnifique).

Redescendu à Clemensat, traverser un petit pont et aller rejoindre, près de Saulzet (**2** — Côte : 25'), la r. de Rochefort. On tournera à dr. sur cette r. pour revenir à Clermont-Ferrand (**8.3**), en passant par Ceyrat et Beaumont; descente continuelle.

B. — A **Royat** et au **Puy-de-Dôme** (**25** kil. **600** m. aller et retour, dont 11 kil. de côtes, non compris l'ascension du Puy-de-Dôme. — En voiture particulière : 20 fr.).

Itinéraire: Sur la place de *Jaude,* prendre à dr. la rue *Blatin,* dont le prolongement, l'*avenue de Royat,* bordée de villas, conduit à l'entrée de Chamalières (**1.2**). Ici, à la hauteur du café du *XIXe Siècle,* quitter la ligne des tramways et suivre à g. l'ancienne r. de Royat, ou avenue des *Thermes.* La montée commence et, à part deux très courts paliers, ne cessera plus jusqu'au col de Ceyssat (3 h.).

Aux premières maisons de Royat (**1**), la r. bifurque; continuer par la branche de dr., tracée en contre-bas, au-dessous de la branche de g. (celle-ci rejoint dans le haut de Royat la r. du Mont-Dore, par Thèdes, *V.* page 18). Bientôt on passe devant l'entrée (**0.2**) de la *grotte du Chien,* qui communique à la r. par un couloir creusé à g. dans la muraille.

La grotte du Chien de Royat (rétribution: 50 c.), plus intéressante que la célèbre grotte du Chien de Naples, produit le phénomène du dégagement de gaz acide carbonique. Le visiteur assistera sans danger dans la grotte à des expériences très curieuses sur la propriété que possède l'acide carbonique de n'entretenir ni la respiration ni la combustion.

Un peu plus loin, la r., passant sous le haut viaduc de la *ligne de Tulle,* tourne à dr. et traverse le ravin pittoresque de la *Tiretaine,* laissant à g. le parc, le casino et l'*établissement thermal de Royat* (traitement des affections des voies respiratoires, arthritiques, chloro-anémiques et nerveuses). On rejoint ainsi la ligne des tramways qu'on suivra à gauche.

Parvenu à Royat-les-Bains (**0.5** — 1.511 hab.), sur la place *Allard*, continuer devant soi par la rue de la *Vallée* (à g. le boulevard *Bazin*, qui traverse de nouveau la Tiretaine sur un pont à balustrade de pierre, rejoint encore la r. du Mont-Dore par Thèdes, *V.* page 18). Cette rue, bordée de nombreux hôtels, s'élève durement; puis, plus haut, défendue à g. par un parapet, longe l'étroite gorge de la Tiretaine (remarquer la belle *grotte naturelle* servant de lavoir), dominée par le pittoresque village et l'église fortifiée du vieux Royat. Ce site formé par le torrent et ses cascades, les ruelles et les ponts du village, fait la joie des artistes.

A dr. se détache (**0.6**) le ch. de Villars (2.9) et de Fontanas (4.1) conduisant aussi à l'*Hôtel-café-restaurant de l'Observatoire*.

Le café-restaurant de l'**Observatoire**, situé seulement à quatre cents m. de la r. (on peut facilement y conduire sa machine), mérite une visite. De la dernière tonnelle de cet établissement une terrasse permet de jouir d'une des plus belles vues sur Clermont et ses environs; aussi engagerons-nous le cycliste à ne pas négliger ce petit détour et même à s'arrêter pour déjeuner au café-restaurant de l'Observatoire.

La r., inclinant à g., franchit le torrent, traverse Royat (**0.1** — à g., la rue *A. Péghoux* conduit à l'église) et aboutit sur la place du *Chaume* (**0.1**) où on tourne à dr. pour se diriger vers Fontanas.

Remontant le joli vallon de la Tiretaine par de nombreux lacets on atteint le hameau de Fontanas (**3**) qui s'étage à dr. Le cône du Puy-de-Dôme, jusqu'alors caché, apparaît. Plus loin, après le hameau de la Fontaine de l'Arbre (**1.3**), vous arrivez au croisement (**0.4**) de la r. de Clermont-Ferrand par La Baraque (*V.* page 17).

Traversant cette r. on parcourt une plaine montante ayant devant soi la vue de plus en plus grandiose du *Puy-de-Dôme*, voisin vers la dr. du *Petit-Puy-de-Dôme* et du *Puy-de-Pariou*. A mesure qu'on s'élève on distingue mieux vers la g. la curieuse chaîne des *monts Dôme* ou des *Puys*, composée de nombreux cônes volcaniques, anciens volcans ou boursouflures de terrains, s'étendant sur une longue bande d'environ trente kilomètres.

Se rapprochant du majestueux Puy-de-Dôme, la r. traverse un petit bois clairsemé, une ravine et enfin un bouquet de sapins précédant les maisons du *col de Ceyssat* (**4**).

Au col de Ceyssat, le cycliste devra s'arrêter et placer en garde sa machine à l'*hôtel du Puy-de-Dôme* pour faire ensuite à pied l'ascension du **Puy-de-Dôme** (1 h. à la montée; 40' à la descente). Un bon sentier de mulet, au besoin carrossable pour certaines voitures, conduit depuis l'hôtel jusqu'au sommet de la montagne. Près de la cime on dépasse deux petits cafés ainsi que les intéressantes ruines d'un ancien *temple de Mercure*. Mais il faut monter jusqu'à l'*Observatoire météorologique* (pourboire : 50 c.) pour admirer la vue générale qu'on embrasse du sommet du Puy-de-Dôme (1.465 m. d'alt.).

Du col de Ceyssat redescendre au croisement (4) de la r. de Clermont-Ferrand, par La Baraque, et suivre à g. cette dernière direction ; deux légères et courtes montées. Après le hameau de La Baraque (2 — Hôt. du *Mont-Dore*) commence une descente très rapide, en lacets aux tournants brusques, offrant un panorama splendide sur Clermont et ses environs.

Lorsqu'on aura dépassé la voûte de la *ligne de Tulle*, parvenu, près de Clermont, au croisement (4,8) du lieu dit des *Quatre-Routes*, avoir soin de tourner à dr. sur l'avenue bordée d'arbres descendant à Chamalières (1,2). Dans cette localité, faubourg de Clermont, la rue de *Bordeaux*, ensuite son prolongement, l'avenue de l'*Observatoire*, ramènent à la rue *Blatin* et à la place de *Jaude* (1,2).

Pour mémoire. — De **Clermont-Ferrand** à **Lyon**, par Pont-du-Château (15), Lezoux (13—Hôt. *Boucher*), **Thiers** (16—Hôt. de l'*Aigle-d'Or*), Chabreloche (12), Noiretable (13 — Hôt. du *Commerce*), Saint-Julien (6), Saint-Thurin (6), Boen (15 — Hôt. *Gay*), Feurs (18 — Hôt. de la *Poste*), Saint-Barthélemy (10), Haute-Rivière (5), Sainte-Foy (9), Duerne (6), Le Brasly (11), Grand-Buisson (14) et Lyon (12 — Hôt. des *Négociants*). — à **Saint-Etienne**, par Pont-du-Château (15), Vertaizon (4 — Hôt. *Forest*). Billom (7), Estandeuil (12), Saint-Dier (5 — Hôt. *Desliard*), Dourbies (6), La Souche (4), Saint-Amand-Roche-Savine (11 — Hôt. *Gachon*), **Ambert** (12 — Hôt. de *Paris*), Saint-Martin-les-Olmes (7), Saint-Anthème (14 — Hôt. du *Midi*), La Bruyère (9), Moingt (12), **Montbrison** (2 — Hôt. *Magaud*), Sury-le-Comtal (13 — Hôt. des *Voyageurs*), Andrezieux (7 — Hôt. *Junker*), La Fouillouse (6) et Saint-Etienne (10 — Hôt. de *France*). — à **Mâcon**, par Thiers (44), Chabreloche (12), Saint-Just-en-Chevalet (17), Villemontais (15), **Roanne** (11 — Hôt. du *Commerce*), Perreux (6 — Hôt. *Farabet*), Montagny (9), Thizy (8 — Hôt. du *Midi*), Saint-Vincent-de-Reins (7 — Hôt. *Mattray*), Saint-Nizier-d'Azergues (9), Quincié (14), Villié-Morgon (8 — Hôt *Favrot*), Saint-Symphorien-d'Ancelles (9), Crèches (7) et Mâcon (8— Hôt. du *Sauvage*). — à **Guéret**, par La Baraque (7), Pontgibaud (16 — Hôt. du *Commerce*), Bromont (4), La Goutelle (6), Pontaumur (12 — Hôt. de *Lyon*), Saint-Avit (12), Lacelle (16), **Aubusson** (18—Hôt. de *France*), Ahun (22 —Hôt. *Coursaget*), Sainte-Feyre (14) et Guéret (5 — Hôt. *Saint-François*).

DE CLERMONT-FERRAND AU MONT-DORE

PAR BEAUMONT, CEYRAT, VARENNES, THEIX, RANDANNE ESPINASSE ET GUÉRY.

Distance : **48** kil. **200** m. *Côtes* : **6** h. **48** min.

Nota. — L'étape de Clermont-Ferrand au Mont-Dore étant très dure, on devra quitter Clermont-Ferrand le matin de bonne heure, afin d'atteindre Randanne pour déjeuner. La route, quoique bien tracée, montant presque constamment, il faut compter environ quatre heures et demie de marche à pied jusqu'à Randanne, et, encore deux heures à pied de Randanne au Mont-Dore. Le cycliste, qui voudra se ménager, pourra faire le trajet de Clermont-Ferrand à Randanne en voiture particulière (3 h. — prix : 15 fr.), puis terminer le parcours de Randanne au Mont-Dore partie à pied et partie en machine.

De Clermont-Ferrand à Randanne, une autre route passe par Royat (2.9.—*V*. page 15), Thèdes (6), Pardon (3) et Randanne (6). Cet itinéraire, qui raccourcit de quatre kil., est au moins aussi pénible que celui par Ceyrat. A part deux courtes descentes, il monte jusqu'à quatre cents m. au-delà de Thèdes ; ensuite s'aplanit vers Pardon. Dépassé Pardon, une descente d'un kil. précède une longue côte de trois kilomètres.

La route directe de Clermont-Ferrand à Issoire (*V*. page 26) passe par Perignat-les-Sarliéves (7), Veyre (3 — Hot. *Rochette*), Authézat (5), Coudes (3 — Hôt. *Dusson*), Saint-Yvoine (6) et Issoire (5).

De Clermont-Ferrand à Beaumont (**3** — Côte : 7'), *V*. page 14.

Au-delà de Beaumont la r., qui ne cessera de monter (4 h. 30') jusqu'à Randanne, laisse à g. la petite chapelle de *Notre-Dame de l'Agneau* (**0.5**) et, décrivant de grandes courbes, au fur et à mesure qu'elle s'élève, passe entre l'ancien volcan de *Gravenoire*, à dr., et le Mont-Rognon, à g. Successivement on rencontre le village de Coyrat (**2.7**), puis celui de Saulzet (**2.5**) où se détache, à g., le ch. de Romagnat (4).

La r., inclinant à dr., s'engage dans une région accidentée et domine à g. la vallée de l'*Auzon*. Au village de Varennes (**2.6**) se détache à g. le chemin de Chanonat (4.5) et de la Roche-Blanche (7.5). La rampe s'adoucit un peu à dr., vous apercevez le Puy-de-Dôme; légère descente de quatorze cents mètres.

Dépassé Theix (**3.3** — Aub. *Toury*) la côte reprend à travers une plaine montante; à dr., une maison isolée (**1.7**), dans le voisinage du village de Fonfreide, servait autrefois d'ancien relai. On gravit un petit col et la r. traverse (**0.7**) un tunnel long de 200 m. A la sortie du tunnel on aperçoit vers la g. la chaîne des monts Dore; du même côté un ch., descendant, conduit au joli *lac d'Aydat* (3), célèbre par le séjour qu'y fit saint Sidoine Appollinaire.

Descente d'un kil. à travers un petit bois, suivie d'une nouvelle montée d'égale longueur; à g., s'éloigne (**3.4**) le ch. de Saint-Amand-Tallende (13.5). On passe entre les beaux puys de *Vichatel*, à dr., et de *Charmont*, à g. Nouvelle descente d'un kil., puis traversée à plat des mornes solitudes de la chaîne des Puys, tandis que s'élèvent à dr. les flancs rougeâtres d'anciens volcans. Ce passage est suivi d'une petite montée de trois cents m. précédant le hameau de Randanne (**2.2**) où vous devez vous arrêter à l'hôt. *Ollier*, soit pour déjeuner (excellentes truites), soit pour vous rafraîchir.

A Randanne, où vient aboutir à dr. la r. de Clermont (17.9) par Pardon et Thèdes (*V.* page 18), abandonnant la r. de Rochefort (20.6), on suivra à g. le ch. du Mont-Dore. Celui-ci s'élève (25') à travers un plateau solitaire, couvert de pâturages où paissent de nombreux troupeaux; à g., s'étend la chaîne des Puys. Décrivant une grande courbe, on monte (3', 5' et 5') vers le hameau d'Espinasse (**4.7**), tandis qu'à dr. les nombreux dômes, dominés par la cime du Puy-de-Dôme, se présentent sous un aspect différent.

Dépassant un bouquet de sapins, on descend à la bifurcation (**2.4**) du ch. de Saulzet-le-Froid (3) et on traverse un ravin. De l'autre côté de ce ravin la rampe reprend; à hauteur de la *borne 27*, continuer à g. pour gravir une côte de trois kil. (45'). Plus loin, près d'une maison isolée, jadis relai (**1.6**), se détache à dr. un autre ch. venant aussi de Randanne (8) par les bourgs de Vernines et d'Aurières; à g., des mamelons aux cimes arrondies et dénudées conservent des traces de neige jusqu'au cœur de l'été.

Peu à peu la r., inclinant à g. et contournant le puy de *Servière*, s'éloigne des hauts pâturages et pénètre dans une région encore plus sévère. Après une descente d'un kil. pour traverser le ravin du *Sioulot*, la rampe recommence (25') et conduit à la bifurcation (**6**) du ch. du Pont-des-Eaux (12.5). Bientôt on atteint l'endroit le plus intéressant du passage. La r., en corniche, surplombe un sauvage et profond vallon à l'entrée duquel se dressent, de chaque côté, deux énormes roches isolées nommées la *roche Sanadoire* et la *roche Tuilière*, portique gigantesque s'ouvrant sur la vallée du ruisseau de Rochefort.

Au sommet de la montée (10'), la r. incline à g. et la descente commence aussitôt au milieu d'un site des plus pittoresques, borné à l'horizon par la chaîne des monts Dore. On côtoie le *lac de Guéry* (**2** — Hôt. du *Lac de Guéry*), dont la vue donnera une idée suffisante des autres nappes lacustres de l'Auvergne; puis on dépasse, à l'autre extrémité du lac (**0.8**), *l'établissement d'aquiculture de Guéry*.

Continuant à descendre rapidement un charmant vallon boisé, on traverse encore deux ravins (montées : 3' et 5') et on laisse à g. (**4**) le ch. de Saint-Nectaire (21.1) par Murols (16.1).

La r. décrit plusieurs courbes dans les jolis *bois de la Chaneau;* et, dépassant la *borne 43*, laisse à g., à un tournant précédé d'un pont sur un ruisseau, l'entrée du sentier (reconnaissable par deux bancs et une table rustiques sous des sapins) qui conduit (5' à pied) à la gracieuse cascade du *Saut du Loup*. Plus loin elle découvre, à un dernier détour, les pics dentelés du *Sancy* et, au bas, le bourg du Mont-Dore (1.758 hab.) situé en demi-cercle dans la vallée resserrée de la *Dordogne*.

Parvenu au bas de la descente, aux premières maisons du Mont-Dore, continuer tout droit et monter (5') la rue principale.

Vous passez sous la galerie vitrée qui relie l'établissement thermal aux salles d'inhalation et de vapeur et traversez la place, entre le bâtiment, en forme d'abbaye, qui sert d'établissement de bains, à g., et la rue menant au parc ainsi qu'au casino, à dr. Un peu plus haut, se trouve l'hôt. recommandé de la *Paix* (4.1 — Café du *Casino*) où vous devez vous arrêter.

Visite de la ville du Mont-Dore (environ 40 min.). — L'établissement thermal (traitement des maladies des voies respiratoires et des bronches, les laryngites, l'asthme, la phtisie). — Le Casino. — Le Parc (musique à midi et à 4 h.). — Le ravin de la Dordogne vu du petit pont.

Excursions recommandées au départ du Mont-Dore. — La station du Mont-Dore offre un centre de nombreuses excursions. Les deux principales sont celles du Puy de Sancy et des bains de la Bourboule. Nous signalerons également l'ascension du pic du Capucin, très facile à faire depuis la construction d'un funiculaire, et la jolie promenade de la Grande-Cascade.

A. — Ascension du **Puy de Sancy** (à pied : 3 h. à la montée, 2 h. à la descente. — Location d'un âne : 3 à 5 fr.).

Itinéraire : A la sortie de l'hôt. de la *Paix*, monter à dr. la rue principale du Mont-Dore jusqu'à une petite place où se trouve un marché couvert. Ici, abandonner la r. de Latour-d'Auvergne, qui traverse le pont en pierre à dr., et continuer devant soi par le ch. de voiture remontant la vallée de la Dordogne. A g. du *Chalet des Pics*, on laisse le sentier menant à la *Grande Cascade*, tandis qu'à dr. se dresse le dôme arrondi du pic ou puy du *Capucin*. Le ch. de voiture cesse à l'entrée d'un petit bois (4.2) où se trouve la buvette de la *Fin de route*. De cet endroit jusqu'au col et à la buvette du Sancy, on suit un large sentier facile à trouver dans la belle saison. Du col de Sancy (où on laisse sa monture si on est venu à âne) un sentier en zigzag conduit au sommet du *Puy de Sancy* (1.886 m. d'alt.). Cette montagne, la plus élevée de la France centrale, donne naissance aux deux ruisseaux la *Dore* et la *Dogne* qui, confondant leurs noms en se perdant dans le même lit, deviennent la *Dordogne*.

B. — Promenade aux **bains de la Bourboule** (**10** kil. **500** m. aller et retour. — De la place de l'établissement thermal, ou de celle de l'église du Mont-Dore, part chaque jour, à midi, un breack public conduisant à la Bourboule et revenant le soir à 4 h.; prix : 1 fr. 50 par personne, aller et retour).

Itinéraire : La r. descend à g. la rue principale du Mont-Dore, laisse à dr. (**0.2**) le ch. de Randanne; puis, continuant à suivre la rive dr. de la vallée, passe à Queureilhe (**0.8** — Belle cascade à 1.600 m. à dr. de ce hameau). Après le pont du ruisseau du lac de Guéry, petite montée (2'); à g. (**2.2**), magasin de la *fontaine pétrifiante;* ensuite on monte (4') au hameau de Genestoux (**0.8**). La vallée s'élargit et les maisons de la Bourboule apparaissent, dominées à dr. par le village de Murat-le-Quaire. Après une petite montée (5'), abandonnant à la bifurcation (**1.2**) la r. de Murat-le-Quaire (2.7), on descendra rapidement à g. dans la direction de la Bourboule (1.708 hab.).

Ayant franchi le pont du ch. de fer, suivre l'avenue du *Mont-Dore,* puis le boulevard de l'*Hôtel-de-Ville,* laissant à g. l'église, et un peu plus loin l'établissement thermal de la Bourboule (traitement de la scrofule, des maladies de la peau et de la phtisie), pour arriver à la place du *Centre* (**2.4** — Hôt. de l'*Europe*).

Le cycliste, qui ne voudra pas revenir au Mont-Dore par le même ch., devra continuer le long de la place plantée d'arbres (où stationnent les voitures et les ânes), puis traverser à g. la Dordogne au bas du Casino. Tournant alors à g. il suivra le quai jusqu'à hauteur du troisième pont où il prendra à dr., à l'angle de l'hôt. *Continental* (**0.4**), l'*avenue de Vendeix.*

Le ch., qui monte sans discontinuer pendant quatre kil. et demi (1 h. 15'), passe aux hameaux de Fenestre (**0.4**) et de Vendeix (**3.4**) et va rejoindre (**0.5**) la r. de Latour-d'Auvergne au Mont-Dore. Tournant à g. sur cette r., on n'a plus en partie qu'à descendre en traversant la *forêt de la Roche.* Très belle vue jusqu'au Mont-Dore (**7.2**).

C. — Ascension du **Pic du Capucin.**

A deux pas du pont de pierre, et à l'entrée de la r. de Latour-d'Auvergne, se trouve situé l'embarcadère du *funiculaire* qui conduit en quelques minutes au *salon du Capucin* (café), sorte de clairière gazonnée, dominée par le *pic du Capucin.* Du sommet du Capucin, facilement accessible (à pied : 30' — 1.463 m. d'alt.), on jouit d'un beau panorama sur la vallée de la Dordogne et les hautes chaînes qui l'entourent.

D. — Promenade à la **Grande Cascade.**

La Grande Cascade, qui attire la vue, tombant du haut d'un immense rocher au sud-est du Mont-Dore, est le but d'une charmante promenade. Un excellent sentier qui se détache à g. de la r. du Puy de Sancy, aux dernières maisons du Mont-Dore et à l'angle du *Chalet des Pics* (*V.* page 21), conduit directement (45' à la montée; 30' à la descente) au pied de la belle chute d'eau et de la curieuse grotte voisine, celle-ci creusée dans le rocher formant voûte.

DU MONT-DORE A ISSOIRE

DEUX ITINÉRAIRES

Itinéraire A. — Par le col de la Croix-Morand, le Chambon, Murols, Saint-Nectaire-le-Haut, Saint-Nectaire-le-Bas, Saillan, Verrières, Montaigut-le-Blanc, Champeix et Perrier.

Distance : **51** kil. **400** m. *Côtes* : **2** h. **32** min.

Nota. — Cet itinéraire très intéressant, qui permet de visiter les ruines du château de Murols et les établissements thermaux de Saint-Nectaire, présente sept kil. de côtes entre le Mont-Dore et le col de la Croix-Morand. On descend ensuite presque continuellement jusqu'à Champeix, puis il faut encore gravir trois kil. de côtes après cette localité.

Le cycliste qui voudra se ménager pourra se faire conduire, avec sa machine, en voiture particulière jusqu'au col de la Croix-Morand (prix : 5 fr. en s'adressant à l'entreprise *Chambonnet*, route du *Sancy*, au Mont-Dore), d'où il renverra la voiture. En tout cas, partir de bon matin du Mont-Dore, afin d'arriver vers dix heures à Murols, et avoir le temps de visiter les ruines du château avant de déjeuner. Déjeuner à Murols, ensuite visiter au passage les établissements thermaux de Saint-Nectaire.

Quittant l'hôt. de la *Paix*, descendre à g. la rue principale du Mont-Dore et, au bas du bourg (**0.2**), prendre à dr. la r. de Randanne, par laquelle on est venu. Celle-ci remonte (1 h. 45') le vallon boisé du ruisseau du lac de Guéry jusqu'à la bifurcation (**3.9**) du ch. de Saint-Nectaire. Ici, abandonnant la direction de Randonne, on gravira à dr. les hauts pâturages qui tapissent les pentes des puys de la *Tache* et de *Mône*, que le ch. contourne à dr. A g., belle échappée de vue, entre les montagnes, sur la vallée de la Bourboule. La r. s'élève durement et atteint, près de deux cabanes isolées, le col de la *Croix-Morand* ou de *Dyanne* (**3.3** — 1.335 m. d'alt.) reliant les cimes dénudées du puy de la Tache, à dr., et du puy de la Croix-Morand, à gauche.

La descente du col commence très rapide, tandis qu'on découvre un vaste panorama s'étendant sur toute une région des plus tourmentées, au pied du revers oriental des monts Dore. Après un bois de sapin, la r. décrit deux grandes courbes, passe au hameau pittoresque de Bressouleille (**5.5**), et, par de hardis circuits, pénètre dans un ravin boisé conduisant dans la jolie gorge du *Surrain*.

A la sortie de la gorge, on dépasse le petit village du Chambon (**3.6**) à l'entrée de la *vallée de Chaudefour*.

La vallée de Chaudefour, longue de six kil. environ, ne peut être parcourue qu'à pied. On y visite une très belle cascade, située à deux kil. et demi du Chambon. La vallée se termine par un cirque de montagnes dont les pics revêtent des formes étranges. Cette excursion est une des plus intéressantes qu'on puisse faire aux environs du Mont-Dore et de Saint-Nectaire.

Traversant le *Surrain*, la r., aplanie, parcourt une prairie, puis monte légèrement au hameau de Varennes (**1.5**). Un peu plus loin, elle longe pendant cinq cents m. le *lac Chambon;* ensuite, traversant une ancienne coulée de lave, due au volcan éteint du *Tartaret*, elle laisse à g. (**1.5**) un ch. pour Randanne (20.5) et franchit la *couze de Chambon*. La vallée se boise et la descente reprend vers Murols, dont on aperçoit bientôt le vieux château dressant ses imposantes ruines sur un roc isolé.

Dans le village de Murols, suivant la ligne du télégraphe, on tournera brusquement à g. pour s'arrêter plus bas, à l'hôt. *Jolivet-Nierat* (**1.2**), où on doit laisser sa machine en garde et déjeuner après avoir visité les ruines du château.

Vis-à-vis l'hôt. Jolivet-Nierat s'ouvre le ch. conduisant aux ruines du **château de Murols** (15' à pied). Lorsqu'on sera parvenu près d'une croix en pierre, à un croisement de r., on continuera devant soi par le sentier, bordé d'une haie, qui mène à l'entrée des ruines (rétribution : 50 c. — Durée de la visite : 30'). Vue splendide sur toute la région.

Au-delà de Murols, la r. descend à travers une charmante contrée, puis s'élève un moment (5') pour franchir une longue ondulation de terrain; elle redescend ensuite vers le ruisseau du *Fredet*, dont elle longe le gracieux vallon boisé pendant deux kil. Celui-ci aboutit au pied d'un monticule couronné par la remarquable église de Saint-Nectaire-le-Haut, village qui s'appelait jadis Cornadore.

Ici, tournant brusquement à g., on traverse le Fredet et on arrive aussitôt, après le pont (**4.9**), à l'entrée d'un étroit vallon où se trouve situé le *Grand hôtel du Mont-Cornadore*, attenant à l'établissement thermal du même nom.

Le cycliste ne devra pas manquer de s'arrêter au *Grand hôtel café restaurant du Mont-Cornadore*, excellente maison dont le joli parc ombragé invite au repos et où il est également très agréable soit de déjeuner, soit de se rafraîchir. A côté de l'hôtel, se trouve **l'établissement thermal du Mont-Cornadore** (traitement des rhumatismes, de la sciatique, de l'albuminurie). Dans le parc, un escalier (6') conduit directement à l'église de Saint-Nectaire-le-Haut.

Avant de partir, on visitera les curieuses grottes du Mont-Cornadore, situées dans une petite propriété particulière, à l'angle du pont du Fredet.

Un kil. plus loin on passe devant le Casino et les Thermes de Saint-Nectaire-le-Bas (**1** — eaux similaires à celles du Mont-Cornadore), puis le vallon du Fredet rejoint la vallée élargie de la *couze de Chambon*. Successivement, on rencontre les villages de Saillan (**2** — colonne curieuse en pierre surmontée d'un buste de femme) et, après une petite montée de deux cents m. (2'), celui de Verrières (**2**).

La descente s'accentue; on traverse un beau défilé de rochers, couverts de broussailles, laissant à dr. (**2**) le ch. de Besse (15) par la Bataille (4.0) et Le Cheix (7 — *V.* page 30). La couze murmure au fond du précipice, tandis qu'à g. se dresse, isolée, la *Tour de Rognon*. La r., tournant à dr., traverse un ruisseau (à g. curieux rocher à trois pointes) et ne tarde pas à sortir du défilé en vue du bourg de Montaigut-le-Blanc, bâti en amphithéâtre et groupé au pied d'un vieux donjon ; à dr. (**3.1**), se détache un autre ch. dans la direction de Besse (19).

Notre r. traverse le bas du bourg et, en pente très douce, entourée de coteaux plantés de vignes, descend à Champeix (**2.9** — Ch.-l. de c. — 1.727 hab. — Hôt. du *Lion-d'Or*) dont on remarque l'église surmontée d'un clocher ajouré en fer.

Dans cette localité, obliquant d'abord à g., on passe sur la place du Marché en longeant une promenade plantée d'arbres ; puis, inclinant de nouveau à dr., en laissant à g. les ch. de Saint-Saturnin (10.5) et de Plauzat (4.9), on traverse (**0.9**) de nouveau la rivière.

De l'autre côté du pont se détache à g. la r. de Coudes (7.3) ; celle d'Issoire, que nous suivrons à dr., s'élève pendant trois kil. (40') à une grande hauteur, parmi les vignobles, et domine la vallée de la *couze de Champeix* ainsi que le village de Chadeleuf, l'horizon restant limité par la chaîne de montagnes qui borde au loin la vallée de l'Allier. La r., obliquant à dr., perd de vue la vallée de la couze de Champeix, traverse un petit plateau de deux kil., puis descend agréablement vers la vallée de la *couze d'Issoire*.

On laisse à dr. (**7.4**) le **chemin de Chidrac** et, cinq cents m. plus loin, on dépasse la jolie église de Perrier (**0.6**). Remarquer à g. les roches, percées de plusieurs grottes, qui forment le promontoire du plateau de Pardines.

Une belle avenue d'ormeaux relie le village de Perrier à Issoire (Ch.-l. d'arr. — 6.182 hab.). Parvenu sur la place de la *Halle* de cette ville, vis-à-vis l'édifice des halles, tourner à g. pour se trouver presque immédiatement devant l'entrée de l'hôt. recommandé de *Paris* (**3.9** — Atelier de réparation pour les machines : chez M. *V.-E. Chazelet*, 7 et 22, boulevard de la *Halle*).

Nota. — En fait de curiosités Issoire ne renferme que l'église Saint-Paul qui mérite une visite.

Itinéraire B. — Par Latour-d'Auvergne, Picherande, Besse, Le Cheix, Saurier, Saint-Floret, Chidrac et Perrier.

Distance : **76** kil. **400** m. *Côtes* : **3** h. **45** min.

Nota. — Cet itinéraire, également très intéressant, contourne tout le massif des monts Dore. Entre le village du Mont-Dore et Latour-d'Auvergne une série de quatre montées représente sept kilomètres de côtes. L'étape étant assez longue et fatigante jusqu'au delà de Picherande, le cycliste, qui voudra se ménager, pourra se faire conduire, avec sa machine, en voiture particulière jusqu'au lieu dit des Quatre-Départements (prix : 8 fr. en s'adressant à l'entreprise *Chambonnet*, route du *Sancy* au Mont-Dore) d'où il renverra la voiture. En tout cas partir de bon matin du Mont-Dore afin d'arriver pour déjeuner à Latour-d'Auvergne.

Si on se sentait trop fatigué pour faire l'étape complète du Mont-Dore à Issoire, on pourra s'arrêter à Besse (Hôt. *Notre-Dame*). Le lendemain on ira déjeuner à Issoire (la descente est continuelle depuis Besse) et le soir on fera étape à Brioude comme il est indiqué page 31.

Quittant l'hôt. de la *Paix*, suivre à dr. la grande rue, vous passez devant la place du petit marché couvert et, tournant à dr., traversez la *Dordogne* sur le pont de pierre.

La r. de Latour-d'Auvergne s'élève très durement pendant deux kil. (30') sur le flanc de la montagne et domine toute la vallée du Mont-Dore. Après avoir traversé un petit bois de hêtres, elle atteint l'étroit plateau du *Roc du Mercier* (auberge); puis, inclinant à g., descend quinze cents m. pour rentrer sous une forêt de sapins et franchir un ravin; côte de deux kil. (30'). A la sortie de la forêt on débouche sur un haut pâturage et on monte pendant un kil. (15') en contournant à g. la *montagne de Bozat*; à dr., belle échappée de vue sur la *roche Vendeix* et la Bourboule.

La descente reprend; à dr. se détache (**7.2**) le ch. de la Bourboule (4.7). Rentrant sous forêt vous franchissez un nouveau ravin et, ayant gravi une côte de deux kil. (30'), vous atteignez sur la lisière du bois une clairière au lieu dit des *Quatre-Départements* (**3**). A partir de là une descente rapide, à travers les pâturages élevés qui tapissent les flancs de la montagne, mène au vieux bourg de Latour-d'Auvergne (Ch.-l. de c. — 2.132 hab.) où le cycliste devra s'arrêter lorsqu'il sera parvenu à la hauteur de l'église (**6.3**).

Ici, quitter la route; passer à g. devant l'église, en laissant à dr. le ch. qui monte (2') sur un petit plateau de basalte où s'élevait autrefois le *château* (entrée 25 c. — Il ne reste plus aucun vestige du château, mais on a une très belle vue), et, quelques m. plus loin, on arrivera à l'hôt. *Durif* où on déjeunera. On peut encore monter à la place du *champ de foire*, située un peu plus haut, d'où on découvre un immense panorama.

Au-delà de Latour-d'Auvergne, la descente continue pour traverser un ruisseau; puis on gravit une première côte (17') précédant une région dénudée, fortement ondulée et couverte de pâturages. A g., le massif des monts Dore, dominé par la pointe du puy de Sancy, présente successivement ses pentes abruptes sous divers aspects. Une seconde côte (8'), ensuite une descente amènent en vue d'une jolie cascade, à g. Par une troisième côte (23') on atteint le hameau du Vigier (**7**), puis on descend un plateau mamelonné et rocheux, laissant à dr. (**2**) le ch. de Saint-Donat (2).

La contrée, moins aride, plus riante, se boise. Après deux petites côtes (10' et 8') on traverse un taillis avant d'arriver à Picherande (**3.9**).

La r., dominant à dr. une vaste vallée, descend rapidement au hameau de Ravel (**1.8**), situé au pied d'un énorme rocher que surmontait, autrefois, un château dont les ruines aujourd'hui sont à peine visibles. Ayant franchi le ruisseau de *Neufont* on entreprend la dernière forte côte de l'étape, longue de trois kil. (50'); à dr., se détache (**0.2**) le ch. de Saint-Genest-Champaix (7.4). Parvenu au faîte de la montée, au-delà d'une plaine, remarquer à g. de la r. une petite auberge isolée (**3.7**) où on doit laisser sa machine en garde pour aller visiter le *lac Chauvet*.

Un sentier, vis-à-vis l'auberge, conduit directement (4') sur la crête de la prairie, d'où l'on aperçoit la nappe bleue du joli **lac Chauvet** (large de 800 m. et long de 900 m.), entouré de gracieuses collines.

La r. d'Issoire continue à travers de vastes pacages limités à g. par les contreforts à l'aspect sauvage de la chaîne des monts Dore; à dr., la r. d'Eglise-Neuve (7.5) vient rejoindre la nôtre (**1.5**).

Les hauteurs, qui limitent l'horizon à dr. et à g., se resserrant peu à peu, finissent par former l'entrée d'un vallon. Bientôt vous traversez un ruisseau tombant en cascade, à dr., et arrivez à deux maisons isolées (**5.1**). Ici s'arrêter, laisser sa machine et aller visiter le *lac Pavin*.

Un sentier, qui remonte la rive droite du ruisseau dans la direction de la cascade, conduit (5') au bord même du **lac Pavin**, le plus curieux des lacs d'Auvergne. De forme ovoïde, long de 850 m. et large de 750 m., il est entouré d'épaisses forêts et dominé par le *puy de Montchal*, ancien volcan. Le site est fort beau.

La r., tracée en corniche, ne tarde pas à descendre rapidement dans un vallon aride qui tout à coup s'élargit et conduit à l'entrée de Besse (**3.9** — Ch.-l. de c. — 1.777 hab. — Hôt. *Notre-Dame*).

La petite ville de Besse mérite un moment d'arrêt. On y voit de curieuses rues étroites, bordées de vieilles constructions blasonnées, une tour du beffroi, et une maison très ancienne, dite de la reine Marguerite. L'église offre moins d'intérêt.

On contourne la ville et, décrivant deux lacets dangereux, un peu plus bas, on laisse à g. (**0.6**) le ch. de Murols (10). La r. descend rapidement la vallée de la *couze de Besse* entourée de belles montagnes; vis-à-vis se dresse le *puy de Saint-Pierre-Calamine* avec sa petite chapelle; et, en contre-bas, on aperçoit à dr. les villages d'Oursière et de Lompras. Après être passé au pied d'une belle colonnade de basalte on arrive au Cheix (**7.8** — Aub. *Rivet*).

Du Cheix on peut aller visiter (1 h. 15' aller et retour) les anciennes **grottes de Jonas**, creusées dans une paroi rougeâtre de rochers qui surplombe la rive droite de la couze. Ces grottes, qui furent habitées à une époque reculée, se voient très bien de la route au delà du Cheix.

Aux dernières maisons du Cheix, abandonnant la r. d'Issoire par Champeix (14.5 — *V.* page 25), qui s'éloigne à g., on continuera à descendre à dr. dans la direction de Saurier. Le ch., à présent de niveau avec la couze, présente une pente adoucie, passe au hameau de Coteuge (**0.8**), puis traverse, sur une longueur d'environ trois kil., une coulée d'ancienne lave.

Devant soi, à l'horizon, se dresse la haute *roche de la Brionne* surmontée d'une chapelle dédiée à Notre-Dame d'Août. La vallée va se rétrécissant; de beaux rochers l'environnent. Ayant franchi la *couze de Courgoul*, inclinant à g. (montée : 2'), on rejoint (**3.5**) le ch. venant du village de Courgoul (2.2).

Après Saurier (**1**) on retraverse la couze, bientôt resserrée dans un pittoresque défilé qui précède Saint-Floret (**5.5**), village bâti le long d'une étroite ruelle.

La vallée, dont le ruisseau prend à présent le nom de *couze d'Issoire*, s'élargit considérablement entre des collines couvertes de vignobles. Successivement, ayant laissé à dr. deux premiers ch. menant dans la direction de Felines (4.7 et 5.8), ensuite un troisième ch., précédé d'un pont, conduisant au village voisin de Saint-Cirgues (0.3), on arrive à Chidrac (**3.7** — montée : 2').

A la sortie de ce village se détache à g. le ch. de Chadeleuf (4. 2) et, plus loin, à dr. (**1**), celui de Tourzel (7) avant d'atteindre (**2.4**) la r. de Champeix à Issoire.

Du chemin de Chidrac à Issoire (**4.5**), *V.* page 26.

D'ISSOIRE A BRIOUDE

PAR LE BREUIL, AUZAT-SUR-ALLIER, JUMEAUX, LUBIÈRE ET OULIANDRE.

Distance : **36** kil. **200** m. *Côtes* : **21** min.

Nota. — Ce court trajet, très roulant, sera considéré comme une étape de repos entre le parcours fatigant qui a précédé, du Mont-Dore à Issoire, et celui, assez rude, de Brioude au Puy, qui suit.

Notre itinéraire allonge seulement de treize cents m., mais évite les côtes pénibles de la route nationale par Saint-Germain-Lembron (10.5), Lempdes (9.5), Arvant (4) et Brioude (10.4).

Le cycliste, qui ne voudrait pas aller jusqu'au Puy, pourra se rendre directement d'Issoire à Saint-Flour, par Massiac, en suivant les itinéraires indiqués aux pages 90 et 92 ; enfin s'il désire visiter seulement l'Auvergne, en négligeant les causses des Cévennes, il se rendra directement d'Issoire au Lioran, par Massiac, en suivant les itinéraires indiqués aux pages 90 et 94.

Au départ de l'hôt. de *Paris*, suivre à dr., derrière l'édifice des halles, la grande rue d'Issoire, en laissant quatre cents m. plus loin, à g., le ch. du Vernet (20.5). On traverse la *Couze* (petite montée) et on sort de la ville par une porte grillée.

La magnifique r. de Brioude se déploie toute droite dans la large vallée qu'arrose l'*Allier* ; tandis que le regard est attiré, vers la g., par les deux montagnes sur lesquelles s'étagent les hauts villages d'Usson et de Nonette, ce dernier plus au sud.

On passe au hameau de Grezin (**5.1**) où s'élevait autrefois une ancienne abbaye fortifiée, dont les bâtiments servent aujourd'hui de ferme; côte (5'). Treize cents m. plus loin, quitter (**1.3**) la r. nationale de Brioude et prendre à g. le ch. du Breuil.

Ce ch. qui descend vers l'Allier, en biaisant à travers plaine, traverse le ruisseau de l'*Embronel*, le passage à niveau de la *ligne du Puy* et gagne le village du Breuil (**3**). A la sortie de la localité on franchit une nouvelle *Couze* et on passe sous une arcade d'acacias. Longeant la ligne du ch. de fer, vous laissez à dr. (**0.7**) le **chemin de Saint-Germain-Lembron** (2.4) et contournez à g. la base de la montagne de la Nonette. Jolie arrivée à la station et au pont suspendu du Saut-du-Loup (**3.3** — Buvette).

Ayant traversé l'Allier on passe au-dessous des ruines d'un ancien château féodal, situé sur un rocher, et, un peu plus loin, au bas du village d'Auzat (**1.3**). Au delà d'un raidillon (3') vous atteignez deux auberges près desquelles se détache à g. la direction de Lamontgie (2.9); continuer à dr. Le ch., très roulant, descend presque constamment jusqu'à Jumeaux (**3.3** — Ch.-l. de c. — 1.179 hab. — Hôt. des *Voyageurs*).

On traversera la place de la mairie et, à la sortie de la localité, laissant à dr. (**0.3**) le ch. de Brassac (2.5), on continuera à g. par le ch. d'Auzon. Celui-ci serpente gracieusement à travers les blés au pied des collines qui bordent la vallée, puis s'élève (3' et 5') pour passer au-dessous du village de Vézézoux (**3**), situé à mi-hauteur sur la g.; jolis paysages. Une agréable descente conduit au ravin du ruisseau de Saint-Jean-Saint-Gervais qu'on franchit pour se rapprocher ensuite de l'Allier; du ch., tracé en corniche, on aperçoit le pont suspendu d'Auzon qu'on doit traverser.

Parvenu vis-à-vis un pont en pierre (**2.6**), quitter le ch. d'Auzon (1) et tourner à dr. pour se diriger vers l'Allier.

De l'autre côté du pont suspendu (**0.4**), laissant à dr. le ch. de Brassac (5.5), continuer à g. On contourne un long rocher bordant une plaine d'alluvion; puis on passe sous la tour ruinée de Lubière (**2** — montée : 2'). Le ch., tournant à g., remonte la vallée vers le sud; à dr., sur la hauteur, apparaissent le charbonnage du Monteil et le village de Rilhac avec ruines d'un château. Après Ouiandre (**2.5**), gravissant une petite côte (3'), on atteint ıne plaine élevée découvrant un panorama étendu sur oute la vallée de l'Allier et les *monts du Velay*. Bientôt ɪn rejoint (**1.8**) la r. nationale d'Issoire à Brioude.

Cette r., après une montée insignifiante, se dirige en igne droite et en pente très adoucie vers Brioude. A 'entrée de la ville, ayant franchi le passage à niveau du h. de fer, suivre directement devant soi le boulevard *'ercingétorix*, jusqu'à la rue *Jules-Maigne* (**5.3**).

Ici, quitter la r. du Puy et descendre à g. dans Brioude Ch.-l. d'arr. — 4.968 hab.). On suivra l'étroite rue *Jules-Maigne*, dans toute sa longueur, jusqu'à la place de l'*Hô-el-de-Ville* située sur une terrasse, plantée d'arbres, qui lomine la vallée. A l'entrée de la rue de la *République*, à . de l'Hôtel de Ville, se trouve l'hôt. du *Nord* où vous levez descendre (**0.3**).

Visite de la ville de Brioude (environ 30 min.). — **Point de ue de la terrasse de la place de l'Hôtel-de-Ville.— L'église Saint-Ju-ien. — Vieilles maisons à tourelles.**

DE BRIOUDE AU PUY

PAR VIEILLE-BRIOUDE, LA CHOMETTE, LE MARCET, SAINT-GEORGES-D'AURAC, LACHAUD, FIX-SAINT-GENEYS, LIMANDRES ET BORNE.

Distance : **64** kil. **200** m. *Côtes* : **6** h. **4** min.

Nota. — Ce parcours, déjà très accidenté de Brioude à Saint-Georges-d'Aurac, présente encore une montée ininterrompue de seize kil. entre Saint-Georges-d'Aurac et Fix-Saint-Geneys. De Fix-Saint-Geneys au Puy, sauf deux côtes d'un kil. chacune, il n'y a plus qu'à descendre.

Il existe un chemin vicinal qui évite les côtes de la route nationale entre Brioude et Le Marcet; mais ce chemin, allongeant de cinq kil. six cents m., laisse parfois à désirer comme état d'entretien. Nous le signalons cependant pour ceux qui voudraient le prendre. Il passe par le pont de Lamothe (2), Fontannes (2.5), Frugières-le-Pin (6.5), Paulhaguet (8.5 — Ch.-l. de c. — 1.503 hab. — Hôt. *Vidal*) et vient rejoindre (1.5) la route nationale du Puy à douze cents m. au-delà du Marcet.

Le cycliste, désirant se ménager, pourra faire le trajet pénible de Saint-Georges-d'Aurac à Fix-Saint-Geneys en voiture (2 h. 15 min. — prix : 6 fr.) en s'adressant à *M. Lebrat*, aîné, boulanger à Saint-Georges-d'Aurac, qui tient sa voiture à la disposition des touristes de passage.

Sortant de l'hôt. du *Nord*, reprendre à dr., vis-à-vis l'Hôtel de Ville, la rue qui conduit à la place *Dupostel*. Traverser cette place et suivre en face le faubourg.

Hors la ville, la r. du Puy s'élève un moment (4'), puis se dirige en plaine vers la bourgade de Vieille-Brioude (4) où on franchit l'*Allier*, qui coule ici au fond d'un large ravin, sur un pont en pierre d'une seule arche d'une grande élévation. Immédiatement après le pont commence une côte très dure de deux kil. (30')début de la traversée des *monts du Velay*. Ceux-ci présentent, au-dessous de leurs sommets arrondis, des plateaux couverts de vastes cultures qu'entrecoupent quelques bois peu étendus. L'aspect de ces monts est monotone et les routes qui les sillonnent, dépourvues d'ombrage, sont pénibles.

Après une forte descente, les ondulations accentuées du terrain (Côtes : 1', 3', 8', 2' et 3') reprennent jusqu'à La Chomette (**7.5**). Entre La Chomette et Le Marcet descente dangereuse coupée par deux raidillons (2' et 2').

Au hameau du Marcet (**3**), laissant à g. la r. de la Chaise-Dieu (31.2), on traverse une petite plaine et, neuf cents m. plus loin, le passage à niveau de la *ligne du Puy;* à dr. se détache le ch. de Lavoûte (12.1). On dépasse encore à g. (**1.2**) un ch. conduisant au Paulhaguet (1.5), bourg dont on aperçoit le clocher ; petite montée (3').

La r., bordée d'ormeaux, s'élève légèrement, franchit un ruisseau et laisse à dr. (**2**) le ch. de Langeac (11) et de Siaugues (32). Nouvelle côte de quinze cents m. (15'), puis plaine précédant une autre montée (7') pour arriver à Saint-Georges-d'Aurac (**3.9**).

Le cycliste, après avoir déjeuné dans une des modestes auberges de Saint-Georges-d'Aurac, aura ensuite le choix de gravir les seize kil. de montée qui le séparent de Fix-Saint-Geneys, soit à pied (4 h.) soit en voiture (2 h. 15'), comme il a été dit plus haut (*V.* page 84).

La r., dont l'interminable rampe est habilement ménagée, décrit de nombreux circuits au milieu des monts couverts de bonnes cultures parfois valonnées, mais trop peu ombragées. A g. se détache (**6.1**) un nouveau ch. praticable, qui raccourcit de deux kil., en passant par Villeneuve (2.4); on pourra l'utiliser au besoin. La r. nationale traverse, au hameau de Lachaud, la *ligne du Puy*, puis rejoint (**5.8**) le ch. de raccourci venant de Villeneuve; elle côtoie quelques bois et bientôt atteint les premières maisons de Fix-Saint-Geneys qui apparaissent de loin sur la crête de la montagne.

La côte cesse au milieu du village (4.5 — auberges très modestes) et une agréable descente commence aussitôt à travers une région semblable à celle de l'autre versant; belle vue sur les montagnes de la Haute-Loire. Dépassé Limandres (6) la pente s'adoucit au milieu d'une plaine étendue. Croisement (2.3) du ch. d'Allegre (11) à Darsac (2.9); sur la colline à g. on voit les hameaux de Lanthena et de la Chazotte. Après la traversée du passage à niveau de la *ligne du Puy* (5.6) on descend vers Borne (0.6), village dans un vallon pittoresque arrosé par la *Borne.*

De l'autre côté de la rivière, il faut encore gravir deux côtes, chacune longue d'un kil. (15' et 15'), et partagées, à l'embranchement (1.4) de la r. de la Chaise-Dieu, par une courte plaine.

Après un groupe de maisons, ayant monté encore deux petites côtes (4' et 4'), on découvre tout-à-coup à un coude de la r. une ravissante vue sur le curieux rocher de Polignac, celui-ci surmonté des ruines et du donjon du *château de Polignac.* Dans le lointain, vers le sud, se dresse le mont *Mézenc*, dont la cime est une des plus élevées (1.754 m. d'alt.) de la chaîne des montagnes de l'Ardèche qui limitent de ce côté l'horizon. A hauteur de la *borne 18.2* (5.9), vous dépassez la grande ferme du *Collet*, située à g. de la r. au pied du mont *Denise.*

C'est à la ferme du Collet qu'on peut laisser sa machine en garde, si on est tenté d'aller visiter les ruines du **château de Polignac.** Un ch., qui prend à l'angle de la ferme, descend au village de Polignac (1), d'où on fait l'ascension des ruines (0.5); très belle vue du haut du donjon.

La r., passant entre deux rochers en partie recouverts de verdure, franchit le petit col de l'Ermitage, contourne à g. le mont *Denise* et découvre un nouveau panorama sur la profonde vallée de la *Borne* et le haut plateau du *Velay.* Un peu au-dessous du col, à g., se ouve le gisement où fut découvert, en 184!, le fameux fossile humain qui donna lieu à tant de controverses entre savants. L'arrivée vers le Puy devient de plus en plus intéressante; descente très rapide. A g., un autre ch. venant de Polignac (3.3) rejoint (**2.9**) le nôtre.

Au bas de la descente, on traverse la *Borne*, tandis qu'on remarque à g. les extraordinaires rochers *Corneille* et d'*Aiguilhe*, dykes énormes d'origine volcanique, le premier surmonté de la statue colossale de *Notre-Dame-de-France*, et le second portant à son sommet une délicieuse petite église; à dr., mais moins en vue, le rocher d'*Espaly* est couronné par une statue de saint Joseph.

De l'autre côté du pont on entre dans le Puy, une des villes les plus curieuses de France (Ch.-l. du dép. de la Haute-Loire — 20.308 hab.), par l'avenue de *Polignac*. Quelques m. plus loin, passant entre le boulevard de l'*Abattoir*, à dr., et l'église à façade gothique de *Saint-Laurent*, à g., on gravira vis-à-vis la rampe (6') du boulevard *Carnot*. Parvenu en face de la *tour de Pannessac*, à l'angle de la rue de ce nom, et de la statue du général *Lafayette*, continuer à dr. par le boulevard *Saint-Louis* menant au *Grand-Hôtel*, situé à dr. sur ce boulevard au n° 19 (**1.5** — Atelier de réparation pour les machines : chez M. *P. Ravoux*, 11, boulevard *Saint-Louis*).

Visite de la ville du Puy (environ 2 h. 1/4). — La place du Breuil. — La rue des Tables. — Le Baptistère Saint-Jean. — Le Cloître. — La Cathédrale. — Le mont Corneille (entrée : 10 c. — ascension dans l'intérieur de la statue : 20 c.). — Le temple de Diane. — Le rocher d'Aiguilhe (entrée dans la chapelle Saint-Michel : 20 c.). — L'église Saint-Laurent. — Vieilles maisons des XIIIe au XVIIe siècles. — Promenade du Fer-à-Cheval. — Musée Crozatier.

Excursions recommandées au départ du Puy. — Les excursions à faire autour du Puy sont nombreuses; parmi les principales nous rappellerons les suivantes :

A. — A **Brives-Charensac**, village situé sur le bord de la Loire (**9** kil., aller et retour. — Un tramway y conduit en vingt minutes).

B. — L'excursion circulaire par Taulhac-le-Château (**3**), La Pépinière (**2**), Taulhac-le-Château (**2**), Pont de Coubon (**4**), Volhac (**0.5**), Latour (**1**), Gendriac (**1.5**), Charensac (**3**) et le Puy (**3.5**).

Cet' r. monte presque constamment jusqu'à la Pépinière, d'où on jouit d'une vue remarquable. Au retour, après une côte de quinze cents m. pour franchir le petit col situé entre le mont de la Garde de Taulhac et celui de la Garde d'Ours, descente rapide dans la vallée de la Loire. Du pont de Coubon à Charensac, on longe la rive droite du fleuve; terrain plat jusqu'au Puy.

C — Au **lac du Bouchet** et **à la cascade de la Baume** (**45** kil. **600** m., aller et retour). — Par Taulhac-le-Château (**3**), La Baraque (**4**), Tarreyres (**2.5**), Montagnac (**2.5**), Cayres (**5** — Ch.-l. de c. — 1.751 hab. — Aub.), Cayres-la-Ville (**0.5**), lac du Bouchet (**2.5**), Cayres (**3**), Masfrayt (**2**), Bizac (**2.5**), Concis (**2**), croisement du chemin d'Agizoux à Brignon (**1.5**), cascade de la Beaume (**0.8**), Agizoux (**1.3**), Solignac-sur-Loire (**2** — Ch.-l. de c. — 1.293 hab. — Hôt. *Bauzac*), La Baraque (**3.5**) et Le Puy (**7**).

Du Puy au lac du Bouchet, montée constante. Du lac du Bouchet à Solignac-sur-Loire, descente à travers une région fortement ondulée; terrain médiocre. Entre Solignac-sur-Loire et La Baraque, traversée du vallon de la Gagne. De La Baraque au Puy, descente.

D — A **Yssingeaux** et au **pont de la Sainte** (**78** kil., aller et retour). — Par Brives-Charensac (**4**), Blavosy (**5**), Saint-Hostien (**8.5**), Le Pertuis (**3.5**), Yssingeaux (**9** — Ch.-l. d'arr. — 7.859 h. — Hôt. de l'*Europe*), Bessous (**4**), pont neuf de la Sainte (**3** — hôt.), Bessous (**3**), Yssingeaux (**4**), Vaunac (**6**), Rosières (**8**), Adiac (**1.5**), Beaulieu (**2.5**), Lavoûte-sur-Loire (**3**), Durianne (**8.5**) et Le Puy (**1.5**).

Du Puy à Brives-Charensac, r. plate; ensuite côte de quinze cents m. précédant un plateau accidenté. Dépassé Blavosy, côte de trois kil. longeant la gorge de la Sumène, puis descente. Après Saint-Hostien, nouvelle côte, longue de trois kil., pour atteindre le plateau désert du Pertuis. Belle descente entre Le Pertuis et le ruisseau de Bessamorel; ensuite montée très dure de deux kil. et demi avant de descendre vers Yssingeaux.

D'Yssingeaux se rendre au pont neuf de la Sainte, situé à sept kil. sur la r. de Montfaucon. Ce pont, long de 150 m., formé de 10 arches, dont la plus élevée a 15 m. de haut, traverse le Lignon dans le site le plus pittoresque du département de la Haute-Loire.

D'Yssingeaux à Rosières, parcours varié en partie accidenté. On commence à descendre vers la vallée de la Loire depuis Adiac. De Lavoûte à Durianne magnifique r., en bordure du fleuve, à travers les défilés de la Loire. De Durianne au Puy, terrain plat.

E — Au **mont Mézenc (35 kil. 600 m.).** — Par Brives-Charensac (**4**), le pont de Peyrard (**2**), Arsac (**5**), La Terrasse (**1**), Le Monastier (**7.3** — Ch.-l. de c. — 3.759 hab. — Hôt. *Chabrier*), Le Crouzet-de-Meyzoux (**3.4**), Freycenet-la-Tour (**2.7**), Les Chabannes (**4.2**), Les Effruits (**3.0**), Les Estables (**2.1** — Auberges) et le mont Mézenc (2 heures à pied depuis Les Estables).

Cette r., qui monte modérément depuis le pont de Peyrard, est cependant entrecoupée de quelques courtes descentes. Dépassé Le Monastier, la rampe s'accentue jusqu'aux Effruits, où la côte cesse. Entre les Effruits et Les Estables, plat. Aux Estables, où on laisse sa machine, on prend le chemin muletier de Fay-le-Froid, qui conduit à la Croix plántée au sommet du col séparant la vallée de la Gazeille de celle du Lignon. Ici, quitter le sentier de Fay-le-Froid et suivre à dr. un sentier forestier traversant un bois de sapins. Au sortir du bois on tourne à g. et, par cinq lacets, on atteindra la petite crête qui relie les deux sommets du Mézenc. Gravir le sommet du sud, le plus élevé (1.454 m. d'alt.).

Pour mémoire. — Du **Puy** à **Valence**, par Brives-Charensac (4), Saint-Germain-la-Prade (4), Montusclat (15), Boussoulet (2), Foumourette (7), Saint-Agrève (15 — Hôt. *Porte*), Desaignes (11 — Hôt. *Agier*), Lamastre (6 — Hôt. du *Midi*), Saint-Barthélemy-le-Pin (6), Alboussière (11), Saint-Peray (13 — Hôt. du *Nord*) et Valence (4 — Hôt. de la *Poste*). — à **Privas**, par Le Monastier (20 — Hôt. *Chabrier*), Présailles (4), Le Béage (9), Larchamp-Raphaël (18) Mézilhac (6), Quatre-Vios (6) et Privas (27 — Hôt. de la *Croix-d'Or*). — à **Mende**, par Taulhac-le-Château (3), Costaros (17), Pradelles (15 — Hôt. *Largier*), Langogne (7 — Hôt. *Guilhou*), Chaudeyrac (12), L'Habitarelle (8), Pelouse (10) et Mende (15). — à **Lyon**, par Blavosy (9), Saint-Hostien (8), **Yssingeaux** (12 — Hôt. de *l'Europe*), Saint-Maurice-de-Lignon (11), Monistrol-sur-Loire (9 — Hôt. *Mallet*), Saint-Ferréol (11), Firminy (6 — Hôt. du *Nord*), Le Chambon (5 — Hôt. de *l'Europe*), **Saint-Étienne** (7 — Hôt. de *France*), Saint-Chamond (12 — Hôt. du *Lion-d'Or*), Rive-de-Gier (10 — Hôt. *Saint-Jacques*), Bellevue (8), Brignais (14 — Hôt. du *Parc*), Saint-Genis-Laval (3 — Hôt. *Bouillon*), Oullins (5) et Lyon (5 — Hôt. des *Négociants*).

DU PUY A LANGEAC

PAR ESPALY, CHASPUZAC, SAINT-JEAN-DE-NAY ET SIAUGUES-SAINT-ROMAIN.

Distance : **41** kil. **500** m. *Côtes* : **2** h. **11** min.

Nota. — Du Puy, la montée est presque continuelle pendant vingt kil., mais il n'y a que huit kil. environ de durs à faire à pied. On descend ensuite jusqu'à Langeac, sauf une côte de douze cents mètres.

A la sortie du *Grand-Hôtel*, monter à g. le boulevard *Saint-Louis* (3') et, parvenu à hauteur de la statue de *Lafayette*, prendre à g. la r. d'Espaly. Un peu plus loin on laisse à g. (**0.7**) la r. de Saugues (43.6) et on continue en suivant la ligne du tramway.

A Espaly (**0.9**), remarquer à dr. les deux rochers surmontés : le premier par le *Couvent Saint-Joseph* et la statue provisoire de ce saint, le second par les ruines d'un château. Ayant passé sous le viaduc du ch. de fer (Côte : 2') on aperçoit encore, à dr., la coupure d'une ancienne coulée de lave dont la disposition en colonnes basaltiques lui a fait donner le nom d'*Orgues d'Espaly*.

Notre r., qui suit la vallée de la *Borne*, laisse à g. (**1**) le ch. de Ceyssac (2.5), puis traverse sur un petit pont le ruisseau du même nom ; sol médiocre. Bientôt elle quitte la direction de la vallée de la *Borne* pour remonter, vers l'ouest (10'), le vallon *Fontade* dont les coteaux sont en partie recouverts de vignes.

Après avoir dépassé quelques maisons isolées on s'élève progressivement (10', 2', 8', 3') pour atteindre, au hameau de Grazac (**6.4**), un des hauts plateaux bien cultivés du Velay; belle vue en arrière sur la chaîne des montagnes de la Haute-Loire et le mont Mézenc.

Entre deux montées (5' et 2') vous passez au hameau de Fontanes (**2.2** — à la bifurcation suivre à g.), ensuite au village plus important de Chaspuzac (**1.4**); sept cents m. plus loin se détache à g. le ch. du Vernet (7.5).

Après deux autres courtes montées (1' et 2') on longe un petit bois de sapins, clairsemé, sur la pente d'un vallon qui donne naissance au ruisseau de *Say*; et enfin, par une côte plus longue (20'), on atteint l'agréable descente menant dans la vallée de Saint-Jean-de-Nay.

Ayant contourné ce village (**5**) il faut gravir une côte des plus dures, longue de trois kil. (40'), à travers une région sévère et boisée. Parvenu à hauteur de la *borne 19.7* (**2.7**) on passe du bassin de la Loire dans celui de l'Allier. La descente commence aussitôt à travers bois puis au milieu de hautes cultures; une petite montée (2'). Successivement on traverse les villages de Farge (**2.7**), de Siaugues-Saint-Romain (**2.5** — Aub. *Hillaire*) et de Laniac (**1.1** — montée : 1'). Belle descente dans le ravin boisé de la *Fioule*, au moulin de la Ribeire (**2.8**), situé au bas du village et des ruines de Vissac.

De l'autre côté de la Fioule, côte de douze cents m. (18') pour regagner le haut plateau et traverser la *ligne du Puy à Saint-Flour*. Après Vailhac (**1.8**), situé au pied du *mont Briançon*, une petite montée (2') précède une descente rapide; à g., hameau de Navat, belle vue sur les montagnes du Cantal.

La r., tournant brusquement à dr., découvre un nouveau panorama de toute beauté sur les montagnes qui limitent la vallée de l'Allier. Elle franchit encore la ligne du ch. de fer, puis rejoint (**6**) la r. de Saint-Georges-d'Aurac (7.3). Continuant à descendre à g. on traverse la vallée de l'Allier, ainsi que le pont suspendu au-dessus de cette rivière, pour entrer dans Langeac (Ch.-l. de c. — 4.318 hab.) par la rue du *Pont*.

La rue du Pont conduit à la place *Navarin* (**3.7**) où on prendra à dr. la rue de *Clermont*. Dans celle-ci, suivre la première avenue à g. qui mène à la place de la gare où se trouve situé l'hôt. *Bardel* (**0.6**).

DE LANGEAC A SAINT-FLOUR

PAR PINOLS, VÉDRINES-SAINT-LOUP ET SISTRIÈRES.

Distance : **54** kil. **600** m. *Côtes* : **5** h. **32** min.

Nota. — Route assez fatigante traversant les monts de la Margeride. Entre Langeac et Pinols, dix kil. de côtes ; nombreuses rampes jusqu'au delà de Védrines-Saint-Loup. Descente de dix kil. vers Saint-Flour ; cette ville précédée d'une dernière côte de quinze cents m. Le cycliste, qui voudra se ménager, pourra se faire conduire avec sa machine en voiture particulière jusqu'à Pinols (prix : 7 fr.), où il laissera la voiture.

Sortant de l'hôt. *Bardel*, tourner à g. sur la place de la gare et, par la rue vis-à-vis, rejoindre la place *Navarin;* ici, tourner à dr. On passe devant l'*Hôtel de Ville* et, à l'angle de la rue *Lafayette*, on trouve l'entrée (**0.8**) des r. de Saugues et de Pinols; prendre cette dernière à droite.

La r. de Pinols, qui s'élève sans discontinuer sur le flanc de la montagne pendant plus de huit kil. (2 h. 15'), laisse à g. (**1.2**) le ch. de Tailhac (8.5) et passe au hameau de Lestival (**5.5**); vue étendue sur la vallée de l'Allier et les montagnes environnantes.

Au faîte de la longue montée, cinq cents m. de plat sont suivis d'une nouvelle côte d'un kil. (15'), d'une descente dans un ravin, puis d'une seconde côte (7') menant à Pinols (**7.8** — Ch.-l. de c. — 849 hab. — Aub. *Joubert*).

De Pinols à Védrines-Saint-Loup la r. parcourt une haute plaine de culture, découverte, souvent ravinée. Cette dernière disposition du terrain occasionne de nombreux circuits donnant lieu à des rampes et des pentes parfois, douces, parfois dures (Côtes : 8', 15' 15', 10' et 10'). Sur ce parcours, assez monotone, on rencontre seulement quelques hameaux, ou villages peu importants, situés en dehors de la r.; on coupe (**2.4**) le ch. de Lavoûte (18) à Saint-Chély (41.1).

Beaucoup plus loin, en vue de Védrines-Saint-Loup, vous rejoignez (**14.1**) un ch. venant à dr. de Lavoûte (16). Ici, tournant à g., il faut encore gravir une côte longue de cinq kil. (1 h. 20'). Etant passé au-dessous de Védrines-Saint-Loup (**1.3**), village dominant d'un vallon pittoresque, on pénètre dans une partie de bois dépendant de la *forêt de la Margeride*.

La descente si désirée commence à la sortie des bois. Vous coupez (**4.7**) le ch. de La Bastide (7) à Ruines (9.5), tandis qu'apparait dans le lointain le haut massif des montagnes du Cantal.

Cependant après le hameau de Sistrières (**1**), ayant traversé un ruisseau (montée : 2'), on s'élève de nouveau (10') pour atteindre la *croix de Montchamp*. De ce point la descente s'accentue; la r., en corniche, pénètre dans un étroit et aride ravin, en contourne un second, puis domine la région accidentée mais bien cultivée qui environne Saint-Flour.

Au bas de cette rapide descente se détache à dr. (**8.5**) le ch. de Tiviers (1.7), ensuite on s'élève doucement à deux reprises pour passer au hameau du Vernet (**2**) et enfin rejoindre (**1.5**) la r. de Saint-Flour à Marvejols.

Parvenu au faubourg du Pont (**1.8**), situé au pied du promontoire avancé sur lequel est bâtie la curieuse ville de Saint-Flour, suivre à g. la r. de Chaudesaigues (32). On traverse le *Lander*, en laissant à dr. un vieux pont, l'église du faubourg, ainsi que le grand bâtiment de l'*Ecole des Frères*. La r. dépasse successivement les ch. de Bossol (0.5) et de Lavastrie (16.5) et monte vers la ville par une côte de quinze cents m. (25') ; au tournant, remarquer, à g., l'immense muraille de basalte en forme de colonnade qui borde la route.

L'entrée dans Saint-Flour (Ch.-l. d'arr. — 5.308 hab.) s'effectue par la route du *Faubourg*. Aux premières maisons, laissant à g., la promenade du *Foiral*, suivre à dr. le long des habitations et bientôt vous arrivez au début de la rue principale, où se trouve, à dr., l'hôt. de l'*Europe* (2).

Visite de la ville de Saint-Flour (environ 40 min.). — La Cathédrale. — La place d'Armes. — Vue de la terrasse voisine de la cathédrale. — L'église Saint-Vincent.

DE SAINT-FLOUR A SAINT-CHÉLY-D'APCHER

PAR LA GAZELLE, LE PONT DE GARADIT, LAIR, LA BESSAIRE-DE-LAIR, LES BARAQUES DE LOUBARESSE ET LA GARDE.

Distance : **37** kil. *Côtes* : **2** h. **36** min.

Nota. — Bonne route passablement accidentée; cinq fortes côtes variant de un à trois kil. de longueur.

Au sortir de l'hôt. de l'*Europe*, tournant à g., on laissera à dr., à l'*Octroi*, la r. de Chaudesaigues (30) et on descendera à g. la route du *Faubourg*.

Au bas de la descente, au faubourg du Pont (**2**), continuer à dr. par la r. de Saint-Chély. Celle-ci après le hameau de Bellevue (Côte: 2'), laissant à dr. la vallée du *Lander* puis à g. (**1.8**) le ch. de Sistrières, s'élève (Côte: 10') sur la plaine fortement mamelonnée du *plateau de la Planeze*. Traversée du ravin de Varillette par une descente d'un kil. suivie d'une côte longue de deux kil. (25').

Au sommet de la côte se détache à g. (**4.5**) le ch. de Ruines (6). Descente rapide, puis trois montées (2', 3' et 2') mènent au hameau de la Gazelle (**1.7**).

Quinze cents m. plus loin, parvenu sur le bord du plateau, commence la grande descente en lacets, longue de plus de deux kil., qui conduit au fond de la gorge sauvage de la *Truyère*, traversée par le célèbre **viaduc de Garabit** élevé à 122 m. au-dessus du niveau de la rivière.

De l'autre côté du pont (**3.7**) la r. gravit le versant opposé de la gorge (Côte : 35') et, passant trois fois sous le viaduc, permet d'admirer le travail d'art le plus hardi des chemins de fer de la France. Au sommet de la montée on trouvera les cafés-restaurants *Mascombas* et *Servant* (**1.7**) où on pourra s'arrêter, soit pour déjeuner, soit pour se rafraîchir.

La r. de Saint-Chély, continuant à s'élever en ligne droite, par des rampes plus ou moins dures (3', 2', 2', 2', et 15'), sur le haut plateau qui s'étend entre les *monts de la Margeride*, à g., et les *monts d'Aubrac*, à dr., passe successivement aux villages de Lair (**0.8**) et de La Bessaire-de-Lair (**1.4**).

Après une courte descente aux baraques de Loubaresse (**2.4**) la série des petites côtes reprend (4', 5', 2', 5'). On franchit le passage à niveau du ch. de fer (**5**), puis on monte encore (15') en traversant un bouquet de sapins.

Dans le département de la Lozère (**1.4**) l'aspect de la région se modifie légèrement. On rencontre quelques pâturages, parsemés de roches aux formes bizarres, et des bois de pins apparaissent. Au-delà du village de La Garde (**0.8** — Côte : 5') se détache à g., à l'angle d'un taillis (**0.7**), le ch. du Malzieu-Ville (9.9 — Ch.-l. de c. — 1.033 hab. — Hôt. *Albert* — centre naissant d'excursions). Après deux nouvelles montées (3' et 6') on traverse un bois de sapins pendant environ quinze cents m.; puis commence la descente en partie rapide vers Saint-Chély, longue de cinq kil., entrecoupée par une dernière montée (8').

A l'entrée de Saint-Chély-d'Apcher (**8.5** — Ch.-l. de c. — 1.967 hab.) s'élève à g. la chapelle de *Notre-Dame-des-Voyageurs*. Descendre l'étroite rue de la bourgade jusqu'à une petite place où se trouvent situés, à dr., l'hôt. et le café recommandés *Bardol* (**0.6**).

DE SAINT-CHÉLY-D'APCHER A MARVEJOLS

PAR AUMONT.

Distance : **34** kil. **100** m. *Pavé* : **4** min.
Côtes : **1** h. **38** min.

Nota. — De Saint-Chély-d'Apcher à Mende (*V.* page 50), la route directe passe par Monteils (4.5), Rimeize (3), Lestival (7), Serverette (4 — Ch.-l. de c. — 816 hab. — Hôt. du *Levant*), Saint-Amans (8 — Ch.-l. de c. — 412 h. — Hôt. *Baret*), Les Baraques (3), Rieutort (1), Le Chastel-Nouvel (11) et Mende (7) ; mais ce trajet, très accidenté, est moins intéressant que celui que nous indiquons par Marvejols.

Quittant l'hôt. *Bardol*, descendre à dr. la rue de Saint-Chély. A la sortie de la ville on traverse un ruisseau et on s'élève (10') sur une plaine mamelonnée laissant à g. (**1.7**) la r. de Mende (46.3) par Rimeize (5.8); petite côte (5').

Après le passage à niveau de la *ligne de Neussargues à Millau* (**3.7**) la région, moins monotone, présente une sorte de cirque assez pittoresque; à g. vous apercevez le viaduc du ch. de fer, au-dessus du ruisseau de *Rimeize* (Côtes : 2' et 12'), et, plus loin, du même côté, deux jolies montagnes bien boisées. On franchit de nouveau le ch. de fer (**3.5**) un peu avant de monter (10') à Aumont (**1** — Ch.-l. de c. — 1.263 hab. — Hôt. du *Commerce*) où se détache à g. le ch. de Serverette (12.2).

A la sortie d'Aumont, laissant à dr. (**0.3**) la r. de Nasbinals (23.7), vous gravissez deux côtes (14' et 3'), puis descendez pendant deux kil. vers une plaine marécageuse.

La r., passablement accidentée, s'élève de nouveau (15' et 2'), passe au hameau du Coufignet (**8.1**), ensuite remonte pendant deux kil. (25') à travers un vallon en partie planté de pins. Descente de seize cents m. au hameau du Moulinet (**3.8**) où coule le ruisseau de la *Crucize* dont on longe à g. le profond ravin. Un peu plus loin, passant dans le vallon sauvage du *Travel* commence une merveilleuse descente, longue de dix kil., qui mène à Marvejols, dans la vallée de la *Colagne*. Remarquer à dr. les nombreux travaux d'art de la ligne du ch. de fer.

Dans le bas de la descente la r. de Serverette (22.7), à g., vient rejoindre (**9.5**) la nôtre. Celle-ci traverse le Travel ; puis, par une pente adoucie, conduit à l'entrée de Marvejols (**2.1** — Ch.-l. d'arr. — 4.672 hab.).

Ici, quitter le boulevard, qui fait le tour de la ville, à g., sur l'emplacement des anciens remparts, et, passant sous l'ancienne porte *Soubayran*, traverser Marvejols (Pavé : 4') en suivant la rue devant vous. Elle mène directement à l'autre extrémité de la ville où, sortant par la porte de *Chanel*, on trouve de suite à dr. l'hôt. de la *Paix* (**0.4**).

DE MARVEJOLS A MENDE

PAR CHIRAC, LE MONASTIER, CHANAC, BARJAC ET BALSIÈGES.

Distance : **41** kil. **800** m. *Côtes* : **30** min.

Nota. — De Marvejols à Barjac, il existe une autre route également intéressante par Grèzes et Cultures, moitié plus courte, mais présentant au début une forte côte. Nous préférons l'itinéraire que nous indiquons, par la vallée du Lot, très roulant et n'offrant aucune montée importante.

Avoir soin de quitter Marvejols assez tôt, afin de pouvoir visiter, le même jour, Mende et l'ermitage de Saint-Privat, voisin de cette ville.

Au départ de l'hôt. de la *Paix*, tournant à dr., on dépasse presque aussitôt, à dr., le ch. de la gare, et, un peu plus loin, à g. (**0.8**), le ch. de Chanac (14.3), par Palhers, commençant avec celui de Barjac (13), par Cultures (*V.* ci-dessus).

La r. descend la vallée assez aride de la *Colagne* et franchit le ruisseau du *Rioulong* à l'entrée du village de Chirac (**3.6**); à g. se dresse le rocher rougeâtre de Saint-Bonnet-de-Chirac.

Après Le Monastier (**0.6**), au passage à niveau du ch. de fer (**4**), quittant la r. de La Mothe (10.8) et de Millau (68), on traversera à g. le *pont des Ajustons* pour remonter en rampe très adoucie les gorges du *Lot*.

Au-delà de Salettes (**6.3**) et de Villard (**1.5**), villages situés en contre-bas, la vallée, bordée à dr. par la muraille rocheuse du *causse de Sauveterre*, s'élargit légèrement; à g., le ch. de Marvejols (10.9), par Palhers, vient rejoindre (**1.2**) le nôtre.

Ayant traversé la ligne du ch. de fer (**2.2**) remarquer à dr. plusieurs grottes creusées dans la montagne, ainsi que les formes variées des pointes des rochers qui revêtent l'aspect de ruines ou de monstrueux animaux. Quatre cents m. plus loin, après le vieux pont de Chanac, on laisse à dr. Chanac (**1.1**) et sa massive tour carrée dominant la vallée.

On dépasse le ch. conduisant au village et on franchit encore deux fois la voie ferrée pour arriver au hameau du Bruel (**1.7**); à dr. s'élève une belle paroi granitique. Après une petite montée (1') la r. laisse à g. (**4.4**) le ch. de Marvejols (14), par Cultures; puis, décrivant avec le Lot une immense courbe, passe à Barjac (**0.9**) où se détache à g. l'ancien ch. de Mende par Chabrits, plus court de trois kil., mais moins intéressant.

Continuant à dr. dans la direction de Balsièges on remonte doucement la vallée du Lot, à présent encaissée entre les pentes arides du causse de Changefège à g., et celui de *Sauveterre*, à dr. De ce même côté on aperçoit le village de Bramonas (**3.2**) au bas d'un immense cirque de rochers.

Plus loin, au hameau de Juliers, séparé du village de Balsièges par le Lot, se détache à dr. (**3.2**) la r. de Florac (32.1). La nôtre s'élève un moment (3' et 3'), ensuite descend en pente douce pour pénétrer dans un défilé des plus sauvages; puis, tournant brusquement à dr., traverse la rivière sur un pont en pierre d'une seule arche.

A la sortie du défilé, la vallée s'élargit; on gravit une rampe enlevable de deux kil. (15'), puis on rejoint près d'une fontaine (**6.4**) la r. de Marvejols (21.8) par Chabrits.

A l'entrée de la ville de Mende (Ch.-l. du dép. de la Lozère — 7.878 hab.) monter (8') le boulevard à dr. ensuite, passant entre le Palais de Justice et la Cathédrale, bientôt vous arriverez vis-à-vis l'hôt. recommandé de *Paris* (**0.7** — Atelier de réparation pour les machines: chez M. *Jory*, mécanicien.)

Nota. — En fait de curiosités Mende, une des plus petites préfectures de France, ne renferme que la Cathédrale, remarquable par ses beaux clochers. Quand on l'aura visitée, s'il reste du temps, on ne devra pas manquer de faire à pied (1 h. 20', aller et retour) l'excursion de l'**ermitage de Saint-Privat**, situé sur le flanc du *causse de Mende*.

Itinéraire : Au sortir de l'hôt. de *Paris*, monter la rue à g. et, à la bifurcation, continuer à dr. pour descendre presqu'aussitôt, à dr., un autre ch. entre deux murs. Quelques m. plus loin suivre, encore à dr., un autre ch. tracé en terrasse, dominant la ville jusqu'au premier sentier muletier qu'on rencontrera à g. Ce sentier, bordé d'un chemin de la Croix, mène à la chapelle et à l'ermitage de Saint-Privat, d'où on a une magnifique vue sur Mende et les environs.

Pour mémoire. — De **Mende à Privas**, par Badaroux (6), Bagnols-les-Bains (15 — Hôt. *Champagnac-Lacombe*), Saint-Jean-de-Blaymard (7), Cabrières (5), Altier (14), Villefort (12 — Hôt. *Martin*), Le Mas-de-l'Elze (9), Le Folcherand (8), Les Vans (6 — Hôt. *Glandiol*), Joyeuse (15 — Hôt. *Malignon*), La Croisière-d'Uzer (8), Saint-Etienne-de-Fontbellon (11), Aubenas (3 — Hôt. *Vigier*), Vesseaux (7), Le Moulin (7) et Privas (15 — Hôt. de la *Croix-d'Or*). — à **Avignon**, par Les Vans (82 — *V.* ci-dessus), Berrias (9), Bessas (10), Barjac (6 — Hôt. du *Lion-d'Or*), Montclus (10), Saint-Michel-d'Euzet (13), Bagnols-sur-Cèze (8 — Hôt. des *Trois-Pigeons*), Orsan (7), Roquemaure (12 — Hôt. *Cappeau*) et Avignon (17 — Hôt. du *Louvre*). — à **Nimes**, par Balsièges (7), Molines (18), Ispagnac (1), **Florac** (10 — Hôt. *Melquion*), Vébron (13), Les Rousses (6), Saint-André-de-Valborgne (14 — Hôt. *Pontier*), Saumanes (10), Saint-Jean-du-Gard (13 — Hôt. de l'*Orange*), Salindre (7 — Hôt. d'*Orient*), Anduze (7 — Hôt. *Béchard*), Lezan (8), Lédignan (6 — Hôt. *Durand*), Montagnac (8), Le Mas (15) et Nimes (8 — Hôt. du *Midi*). — à **Montpellier**, par Balsièges (7), Sauveterre (13), Sainte-Enimie (8 — Hôt. de *Paris*), La Parade (20), Meyrueïs (13 — Hôt. de l'*Europe*), Camprieu (19), La Serreyrède (5), Le Mas Mijeair (8), Valleraugue (5 — Hôt. *Martin*), pont de l'Hérault (13), Ganges (11 — Hôt. de la *Croix-Blanche*), Saint-Beauzile-de-Putois (6), Saint-Martin-de-Londres (15 — Hôt. *Farier*), Les Matelles (10 — Hôt. *Daubèze*) et Montpellier (16 — Hôt. du *Midi*). — à **Aurillac** (180), *V.* page 99 en sens inverse.

DE MENDE A SAINTE-ÉNIMIE

PAR JULIERS, BALSIÈGES, MOLINES ET PRADES.

Distance : **41** kil. **900** m. *Côtes* : **2** h. **15** min.

Nota. — Route fatigante dans la traversée du causse de Sauveterre, entre Balsièges et Molines; ravissante entre Molines et Sainte-Enimie, dans la première partie du passage des gorges du Tarn. De Mende à Sainte-Enimie on ne trouve que deux auberges très modestes, l'une à Juliers, l'autre à Molines. Si on n'emporte pas de provisions avec soi on fera donc bien de quitter Mende seulement après le déjeuner. Cependant on devra partir d'assez bonne heure pour pouvoir faire l'ascension à pied de l'ermitage de Sainte-Enimie avant le dîner.

Quittant le Grand hôtel de *Paris*, tourner à dr., puis aussitôt descendre à g. le boulevard jusqu'au *Palais de Justice*. Ici, continuer à g. par le faubourg et la r. déjà connus de Barjac. A la première bifurcation, près d'une fontaine, laisser à dr. le ch. de Chabrits et continuer à g. jusqu'au hameau de Juliers (Côte : 2') en suivant d'abord la rive gauche, ensuite la rive droite du Lot.

Au hameau de Juliers (**7.1**), abandonnant la r. de Barjac, descendre à g. la r. de Florac et franchir le Lot. De l'autre côté de la rivière, à Balsièges (**0.3**), laissant à g. la r. de Florac(33), par Rouffiac (4.1), on gravira à dr. le ch. du Croisade qui s'élève en lacets sur le flanc du causse de Sauveterre; côte de trois kil. (55'). Belle vue sur la gorge du Lot, dominée par une pointe avancée du causse de Mende que surmonte un rocher revêtant la forme d'un taureau.

Parvenu sur le plateau, laissant à dr. (**4.9**) la r. directe de Sainte-Enimie (16.5), on continuera à descendre à g. la r. d'Ispagnac qui traverse l'aride *causse de Sauveterre*, véritable désert de pierre; sur la g., on entrevoit successivement les tristes hameaux de Falisson, de Freissinel et de la Bazalgette. Cependant la r. ne cesse de s'élever (Côtes : 2', 5' 15' et 20') pour atteindre le petit débit de la baraque des Gendarmes (**5**); puis au-delà, après deux montées (6' et 3'), gagnant le bord du plateau, commence enfin la terrible descente, longue de sept kil., menant vers la vallée du Tarn. La pente, assez douce au début, ne tarde pas à devenir très rapide et dangereuse, avec tournants brusques. Magnifique vue sur le cirque fertile d'Ispagnac et l'entrée des gorges ou *canons du Tarn*, ceux-ci resserrés entre les murailles du causse de Sauveterre et du causse Méjean.

Au bas de la descente on arrive au hameau de Molines (**8.3**), où croise le ch. de Florac (10.5 — Ch.-l. d'arr. — 1,978 h.— Hôt. *Guion*) à Sainte-Enimie ; tourner à dr. dans cette dernière direction.

Ce ch. délicieux, tantôt bordé de vignes, tantôt d'arbres fruitiers, longe en terrasse la rive droite du Tarn ; à dr. (**0.5**), le *château de Rocheblave*, de massive structure, s'adosse aux rochers taillés en aiguilles du causse de Sauveterre; à g., de l'autre côté de la rivière, le village de Quézac se cache parmi les noyers.

Après les hameaux du Buisson (**1.3**) et de Chambonnet (**0.7**), la gorge se resserre, variant d'aspect à chaque instant. Le ch., coupé dans la roche, décrit une grande courbe en montant légèrement; puis, après une descente agréable, s'élève de nouveau (5') pour pénétrer dans une région plus aride; au fond du vallon on aperçoit un ancien château entouré de quelque verdure. Plus loin, au village de Villaret (**5.2**), remarquer des champs cultivés presque perpendiculairement sur le flanc de la muraille du causse.

Parvenu au milieu de la côte qui succède (20'), à hauteur de la *borne 37.1* (**1.6**), ne pas manquer de s'arrêter et se rendre sur la petite plateforme, à g. de la r., d'où on pourra jeter un coup-d'œil sur le site exceptionnel de la bourgade de *Castelbouc*. Celle-ci, accrochée au flanc d'un rocher émergeant du fond de la gorge, agglomérée au pied des ruines extraordinaires de l'antique nid d'aigle que fut Castelbouc, offre un tableau unique en son genre.

Cependant la r., en corniche, parvient à une grande hauteur au-dessus du Tarn, puis s'abaisse vers Prades (**1.6** — montée : 2') dont le vieux château dépendait autrefois de Sainte-Enimie.

De Prades à Sainte-Enimie on descend dans la gorge qui se rétrécit. Aux premières maisons de Sainte-Enimie (**5** — Ch.-l. de c. — 1.072 hab.) obliquer à g., ensuite traverser le Tarn pour arriver à l'hôt. *Malaval* où on doit coucher (**0.4**).

Excursion recommandée au départ de Sainte Enimie. — **Au monastère et à l'ermitage de Sainte-Enimie** (à pied : 1 h. 20', aller et retour).

Itinéraire : A la sortie de l'hôt. *Malaval,* traverser le pont en dos d'âne sur le Tarn et, par les curieuses rues du bourg, monter au *monastère.* Sur l'emplacement de l'ancien couvent, dont il reste quelques souvenirs intéressants (deux tours et vestiges de murs d'enceinte ; ancienne salle capitulaire), s'élève aujourd'hui le bâtiment occupé par les Frères de la Doctrine chrétienne.

Du monastère redescendre à l'église paroissiale et demander au presbytère la clef de la chapelle de l'ermitage.

On monte à l'*ermitage de Sainte-Enimie,* adossé à la montagne, par un sentier très dur, mais facile à trouver. Belle vue sur le bourg et la gorge du Tarn.

DE SAINTE-ÉNIMIE AU ROZIER

(Descente du Tarn)

PAR SAINT-CHÉLY-DU-TARN, POUGNADOIRES, LE CHATEAU DE LA CAZE, HAUTE-RIVE, LA MALÈNE, LE PAS DU SOUCY ET LES VIGNES.

Distance : **43** kil. dont **39** kil. *en barque.*

Nota. — La descente du Tarn, dans les célèbres gorges ou **canons du Tarn**, resserrées entre les hautes parois des causses de Sauveterre et Méjean, est le *clou* d'un voyage dans les Cévennes. Cette descente qui ne peut s'opérer que lentement en barque, à fond plat, poussée à l'aide de gaffes par deux bateliers, demande huit heures, transbordements compris.

Si on veut faire tout le trajet dans la même journée, on devra s'arrêter pour déjeuner au *château de la Caze* (à 2 h. 1/2 de distance de Sainte-Enimie). Si on préfère couper le voyage en deux parties, afin d'éviter la fatigue et la chaleur, on devra partir de Sainte-Enimie vers cinq heures du soir et on s'arrêtera pour dîner et coucher au château de la Caze (déjeuner : 3 fr.; dîner : 3 fr.; chambre : fr. 50). Le lendemain matin, continuant la descente du Tarn, on partira vers six heures pour arriver à l'heure du déjeuner au Rozier.

Actuellement, vu les ressources par trop rudimentaires qu'offrent les auberges de La Malène, nous ne saurions engager les cyclistes à s'arrêter dans cette localité. Toutefois, il est question d'élever à La Malène un bon hôtel, ce qui serait à souhaiter, et dans ce cas, on fera bien de s'informer.

Le prix de la descente du Tarn est de 36 francs, payable à l'hôtel de Sainte-Enimie, plus 8 francs de pourboire, donné en quatre fois aux bateliers qui se remplacent pendant le trajet. Ce prix est le même pour une comme pour cinq personnes, nombre maximum de passagers que chaque barque peut contenir. Cependant les cyclistes, accompagnés de leurs machines, ne pourront être agréablement dans une barque qu'au nombre de deux. Au besoin on tiendrait trois, mais dans ce cas on serait véritablement gêné.

Les machines sont transportées gratuitement ; arcboutées par deux l'une contre l'autre, à l'arrière de la barque, elles ne craignent pas d'être endommagées.

De l'hôt. *Malaval*, le cycliste descendra sur la berge du Tarn, au pied du rocher de l'ermitage de Sainte-Enimie, et procèdera à son embarquement ainsi qu'à celui de sa machine.

Bien installé dans la barque, se laissant aller au fil de l'eau, on ne se lassera plus d'admirer les splendides tableaux, à transformations, que la nature déroule alors devant les yeux; l'enchantement est perpétuel.

De Sainte-Enimie au Rozier, l'étroit défilé des gorges du Tarn offre les paysages les plus variés. Ceux-ci, parfois gracieux et riants entre Sainte-Enimie et La Malène, ainsi qu'entre Les Vignes et Le Rozier, revêtent un aspect véritablement grandiose de beauté sauvage dans la partie médiane comprise entre La Malène et Les Vignes; aussi a-t-on souvent comparé ce passage des gorges du Tarn au fameux grand «canon» du Colorado en Amérique. Sur le cours de la rivière de nombreux rapides, franchis très habilement par les bateliers, donnent encore un nouvel attrait à la navigation.

Près du village de Saint-Chély-du-Tarn, un premier barrage oblige de changer de barque. Les bateliers se remplacent et il est d'usage de donner un pourboire de 2 fr. à ceux qui vous quittent. On profitera du transbordement pour visiter l'église et la *grotte de Saint-Chély* (en tout 20' — gratification au gardien de la grotte, 25 c.).

Plus loin, au barrage de Pougnadoires, nouveau transbordement, mais en conservant les mêmes bateliers.

Après deux heures et demie de navigation depuis Sainte-Enimie, on atteindra enfin la rive droite sur laquelle s'élève le gracieux et intéressant *château de la Caze*, propriété de M. de Gissac.

Ici, se faire arrêter soit pour déjeuner, soit pour dîner et coucher au château de la Caze, transformé en hôtel-café-restaurant.

En aval du château de la Caze, au barrage d'Hauterive, troisième transbordement avec les mêmes bateliers; puis, en vue du *pont de La Malène*, à une heure de navigation du château de la Caze, quatrième transbordement.

A cet endroit, on parcourt environ quatre cents m. à pied pour aller s'embarquer sur la même rive, mais de l'autre côté du pont, avec deux nouveaux bateliers. On donne 2 fr. de pourboire à ceux qui vous quittent.

Perdant de vue le pont de La Malène, sur lequel passe la r. de Bannassac (17) à Meyrueis (22), on ne tarde pas à entrer dans le *Détroit*, passage long de cinq kil., une des parties les plus remarquables des gorges, par la beauté et la hauteur vertigineuse des roches qui environnent de toute part. Au-delà du Détroit on débouche dans le merveilleux *cirque des Beaumes*, site extraordinaire de grandeur sauvage, dominé par le *Point-Sublime*, un rocher gigantesque.

Après un nouveau défilé on arrive, dans un paysage plus riant, au *Pas du Soucy*, où l'on doit débarquer, la navigation n'étant plus possible pendant deux kil. et demi.

Ici il faut parcourir à pied (45'), sur le mauvais chemin de la rive droite, les deux kil. et demi qui vous séparent du point de débarquement au hameau des Vignes. Sur ce parcours, on domine la *perte du Tarn*, magnifique chaos de rochers sous lequel disparait la rivière avant de reparaître en vue des Vignes.

Aux Vignes, prenant place dans une autre barque et ayant remis le pourboire habituel de 2 fr. aux bateliers qui vous ont amené, on se confie aux deux nouveaux bateliers qui doivent vous conduire au Rozier.

La barque passe sous le *pont des Vignes* (route de Florac, à 38 kil., à Sévérac-le-Château, à 21 kil.) et l'on continue à descendre la rivière au milieu d'un paysage moins sévère; quant à la navigation elle est plus mouvementée, il faut descendre des rapides assez sérieux où toute la dextérité des bateliers est mise à l'épreuve; toutefois, vu la grande expérience de ceux-ci, les dangers sont heureusement écartés.

Après quatre heures et demie de trajet, depuis La Malène, on accoste enfin au *pont de la Muze* où se termine la descente du Tarn. De l'autre côté du pont on débarque sur la rive g. et, ayant remis une dernière fois 2 fr. de pourboire aux bateliers, on gagne la r., parallèle à la rivière, de Millau (21) à Meyrueis. Tourner à dr. dans cette dernière direction.

La r. de Meyrueis s'élève légèrement, puis, contournant la pointe du causse Méjean, dominé par le *rocher de Capluc*, perd de vue le vallon du Tarn et entre dans celui de la *Jonte*. Presqu'aussitôt on arrive au village du Rozier, situé sur la rive droite de la Jonte vis-à-vis Peyreleau (Ch.-l. de c. — 304 hab.). S'arrêter au Rozier à l'hôt. recommandé des *Voyageurs* (1).

Excursions recommandées au départ du Rozier. — Si on est arrivé pour déjeuner au Rozier, on consacrera l'après-midi à l'excursion de **Peyreleau** et au **point de vue de la Rouvierette** (à pied : 1 h. 15' à la montée; 45' à la descente).

Itinéraire : Après avoir traversé le pont de la Jonte, suivre à g. la r. qui contourne le monticule sur lequel s'élève Peyreleau et son vieux donjon. Ayant dépassé la gendarmerie et le bureau de poste, on remarquera à dr., près de la dernière maison de Peyreleau, une passerelle. Ici, quittant la r. de Montpellier-le-Vieux (10) et de La Roque-Sainte-Marguerite (23 — *V.* page 69), on devra prendre le ch. à dr. qui se dirige sous cette passerelle, jetée entre deux parois de rochers. Au sortir du couloir, gravir immédiatement à g. le sentier avec marches taillées dans le roc. Plus haut, parvenu à un endroit qui surplombe l'axe du cours de la Jonte, ne pas continuer le sentier qui contourne le flanc de la montagne, mais monter à g. un autre sentier, plus raide, taillé en colimaçon. Plus loin, il tourne à dr. et gravit en zigzags un éboulis, sur le bord de la montagne, en se dirigeant vers une roche qui se dresse isolée. Obliquant à g., le sentier passe au-dessous de la roche, puis arrive à un petit col. Ici, laissant à dr. un massif de chênes verts, on traverse à g. un mauvais champ, et suivant le sentier, alors mieux tracé, on se dirigera en longeant le *bord de la montagne* vers le sommet le plus élevé. Parvenu à un nouveau buisson de chênes verts, qui empêche de continuer plus loin, on s'arrêtera. Ici se trouve le *point de vue de la Rouvierette.* Regardant du côté du Rozier, vous dominez à l'est les trois grands causses des Cévennes : à g. le causse de Sauveterre, puis le causse Méjean, qui sépare le vallon du Tarn de celui de la Jonte, et enfin à dr. le causse Noir, sur lequel vous apercevez dans le lointain les rochers ruinéiformes de Luxelade. A vos pieds Peyreleau et le Rozier se touchent, tandis qu'au nord s'étagent les deux villages de Mostuejouls et de Liaucour.

Du point de vue de la Rouvierette, redescendre au Rozier.

Parmi les autres excursions qu'on peut encore faire du Rozier sur les causses de Sauveterre, Méjean et Noir, nous rappellerons celles : au **rocher de Capluc** (à pied : 2 h., aller et retour); aux **ruines de Peyrelade** (route jusqu'à Boyne, 6 kil., puis sentier, à pied : 30'); à **l'ermitage Saint-Michel** (à pied : 5 à 6 kil.).

DU ROZIER A MEYRUEIS

PAR LE TRUEL, LES DOUZES ET DARGILAN.

Distance : **21** kil. **200** m. *Côtes* : **1** h. **44** min.

(Non compris l'excursion à la grotte de Dargilan)

Nota. — C'est sur le parcours du Rozier à Meyrueis que se trouve située la fameuse *grotte de Dargilan*, une des plus remarquables curiosités naturelles des Cévennes. La visite de cette grotte exigeant, depuis l'endroit où l'on quitte la route, environ sept heures de marche, nous conseillons, si on veut se ménager, de se faire conduire, avec sa machine, en voiture particulière jusqu'au sentier qui mène à la grotte (voiture à 1 cheval, prix : 10 fr., en s'adressant à M. *Rascalou*, au Rozier), d'où on renverra la voiture. Avant de partir, s'informer si plusieurs touristes sont déjà en route pour la grotte ; car, dans ce cas, il sera prudent d'emmener avec soi un guide du Rozier, ceux qui sont à Dargilan pouvant être déjà retenus avant votre arrivée, ce qui obligerait à visiter l'ensemble de la grotte en une seule fois après le déjeuner.

Quitter le Rozier vers cinq heures du matin pour pouvoir visiter la première partie de la grotte, avant de déjeuner. Dans l'après-midi, on parcourra la seconde partie de la grotte et on terminera la journée en allant faire étape à Meyrueis.

Sortant de l'hôt. des *Voyageurs*, suivre à g. la r. de Meyrueis, en laissant à dr. le pont qui conduit à Peyreleau.

La r. pénétrant dans la vallée de la *Jonte*, resserrée entre les creneaux du causse *Méjean*, à g., et ceux du causse *Noir*, à dr., s'élève d'abord doucement pendant un kil.; tracée en corniche, elle domine les fonds verdoyants où coule la rivière.

Plus loin, la rampe sinueuse s'accentue sur une longueur de trois kil. (Côte : 50'); des deux côtés de la vallée de prodigieux rochers, en bordure des causses, intéressent par leurs formes étranges.

Parvenu à hauteur de la *borne 17.6* (**3.4**), ne pas manquer de s'arrêter sur une petite plateforme voisine, d'où on peut admirer, à une élévation vertigineuse, un cirque immense de rochers taillés en gradins, étroites terrasses naturelles, recouvertes de cultures.

Descente dangereuse de trois kil. Successivement on rencontre les pittoresques hameaux du Truel (**1.2**), de La Caze (**1.7** — Côte : 3') et du Maynial (**0.5**), celui-ci sur la rive g. de la Jonte. La rampe s'adoucit et passe au pied d'un énorme roc (**1.5**) sur lequel s'élève une chapelle dédiée à saint Gervais.

Après le hameau des Douzes (**0.4**), forte côte longue de deux kil. (30'). Plus loin remarquer : à g., une roche bizarrement découpée ; à dr., la disparition de la Jonte, dont le lit reste à sec pendant neuf kil., la rivière se frayant un passage souterrain le long de ce parcours; enfin, en arrière, une magnifique muraille rocheuse aux tons les plus variés. La r. demeure ensuite plate pendant trois kil. et demi, à part une côte de cinq cents m. (6').

Ayant gravi une nouvelle montée d'un kil. (15') vous atteignez la *borne 5.3*, près de laquelle se détache à dr. (**7**) le sentier, indiqué par un poteau bleu, qui conduit à la *grotte de Dargilan*.

Ici s'arrêter et renvoyer sa voiture; puis, descendre à dr. le sentier qui, cinquante m. plus bas, passe devant la cabane où se trouvent des ânes qu'on peut louer pour monter à Dargilan (1 fr. 50 à la montée; 50 c. à la descente).

Dans cette même cabane on laissera en garde sa machine; et, pour se ménager, on fera bien de prendre un âne pour gravir les nombreux lacets du sentier, qui, de l'autre côté du torrent desséché, s'élève sur le flanc du causse Noir.

Après une ascension de 45 min. on atteint l'entrée de la **grotte de Dargilan**, propriété de la société de la *France Pittoresque*. A cet endroit existent trois baraques : les deux premières sont affectées au changement de costumes (une pour les dames, une pour les messieurs); dans la troisième réside le gardien de la grotte.

Aux baraques, on paie au gardien : 5 fr. pour l'accès de la grotte, 3 fr. pour un bon de déjeuner (à l'auberge de Dargilan, hameau situé à neuf cents m. de distance sur le plateau du causse Noir) et, 1 fr. 50 pour la location du costume (celui-ci indispensable pour la visite de la grotte). Quant à la gratification aux guides elle est facultative.

Les paiements faits, on revêtira la blouse et le pantalon de forte toile loués par l'administration et on commencera immédiatement la *petite visite* de la grotte (durée : 2 h. 15').

« La grotte de Dargilan est une des plus belles de l'Europe, elle comprend un grand nombre de salles, de galeries, de puits, etc.; la principale de ces salles est longue de 120 m., large de 40 à 60 m. et haute de 35 m. Elles sont ornées de nombreuses stalagmites et stalactites offrant les formes les plus pittoresques auxquelles on a donné des noms en rapport avec leur aspect tels que la Mosquée, le Minaret, l'Escalier de cristal, l'Autel, l'Église, le Clocher, les Salles des lacs, des vasques, des tombeaux, etc. »

Quand on aura terminé la petite visite de la grotte, on montera, sans quitter son costume spécial (15'), à l'auberge de Dargilan où attend le déjeuner. Après le déjeuner, revenir (10') à l'entrée de la grotte et accomplir le *grand parcours* (plus mouvementé — durée : 3 h.).

Au sortir de la grotte, reprendre ses effets et redescendre (de préférence à pied : 40' — très bel écho à l'un des lacets du sentier) à la cabane, au pied du causse, où on retrouvera sa machine.

La r. à dr., assez poussiéreuse, continue à remonter insensiblement la vallée de la Jonte, rivière dont les eaux reparaissent deux kil. et demi avant Meyrueis. On cotoie le niveau de la rivière et, passant sous de belles roches surplombantes, on ne tarde pas à atteindre les premières maisons de Meyrueis (Ch.-l. de c. — 1.632 hab.).

Parvenu à l'extrémité de la r. traverser le pont à dr.; puis, continuer à g. dans la ville jusqu'au pont en pierre sur le *Bétuzon*. Ici tourner à dr. d'une ancienne tour, et suivre le boulevard, en bordure de la rivière; ensuite dépassant une place plantée de beaux ormes, on arrivera à l'hôt. recommandé de l'*Europe* (**5.5**).

Excursion recommandée au départ de Meyrueis. — Au gouffre récemment découvert de l'**Aven Armand**, situé sur le causse Méjean, à 2 kil. 1/2 au sud du village de la Parade et à 12 kil. 1/2 de Meyrueis.

DE MEYRUEIS A L'AIGOUAL

PAR CAMPRIEU ET LA SERREYRÈDE

Distance : **32** kil. **600** m. *Côtes* : **6** h. **46** min.

(Non compris l'excursion aux grottes et à la cascade de Bramabiau)

Nota. — La visite de la *grotte de Bramabiau*, ainsi que l'ascension de l'*Aigoual*, sont pour ainsi dire le complément obligé d'un voyage dans les Cévennes.

La route de Meyrueis à l'Aigoual étant très dure (24 kil. de côtes à faire à pied), nous engageons le cycliste qui voudra se ménager à se faire conduire avec sa machine, en voiture particulière, jusqu'au sommet de l'Aigoual (durée du trajet : 6 h. 15 min. — prix : 20 fr. en s'adressant à M. *Rey* à Meyrueis), d'où on renverra la voiture. Quittant Meyrueis vers cinq heures du matin, on ira déjeuner à Camprieu, village vosin de la grotte de Bramabiau, et on couchera à l'Aigoual, afin d'être à même d'assister du haut de cette montagne au coucher et au lever du soleil.

La veille du départ de Meyrueis, il sera prudent de téléphoner à l'Observatoire de l'Aigoual pour retenir sa chambre au modeste refuge-restaurant voisin de l'Observatoire.

Le cycliste pressé, qui préférera se rendre directement de Meyrueis à Millau, en négligeant la visite de la grotte de Bramabiau ainsi que l'ascension de l'Aigoual, devra passer par Lanuéjols (10.5), Saint-André-de-Vezines (11.5 — Hôt. *Persegol* où il déjeunera), La Roque-Sainte-Marguerite (8.5 — Hôt. *Parguel* où on peut coucher au besoin si on se sent trop fatigué après avoir visité Montpellier-le-Vieux) et Millau (13.9 — V. page 69).

En quittant Meyrueis la route de Lanuéjols présente cinq kil. de côtes (en voiture : 5 fr.) ; puis, après une nouvelle côte de deux kil. à la sortie de Lanuéjols, ondule sensiblement jusqu'à Saint-André-de-Vézines, dans la traversée du causse Noir. De Saint-André-de-Vézines à La Roque-Sainte-Marguerite, descente.

Au départ de l'hôt. de l'*Europe*, suivre à dr. la r. de Saint-Jean-de-Bruel qui remonte la jolie vallée du *Bétuzon*. A g., se détache(**0.7**) le ch. du château de Roquedols (1.5). La r., en corniche, s'élève très durement à une grande élévation sur le flanc de la montagne par une côte de cinq kil. (1 h. 30') ; terrain fort médiocre. Décrivant de grands circuits on traverse la magnifique *forêt de Roquedols* sur une longueur de trois kil.; à dr. échappée de vue superbe vers Meyrueis.

Au sommet de la montée, à la sortie des bois, atteignant le plateau du causse Noir (belle vue à dr. sur les montagnes), on entre dans le département du Gard. A la bifurcation (**4.9**), laissant à dr. la r. de Lanuéjols (4.9— route directe pour Millau), on prendra à g. le ch. du Vigan qui descend pendant deux kil. à travers le causse; terrain très mauvais.

Plus loin le ch. tourne à g., traverse un pont, ensuite monte pendant deux kil. cinq cents m. (40'); à dr. se détache(**3.7**) un ch. descendant vers Lanuéjols (2). Panorama étendu sur le causse en partie raviné, mais présentant quelques cultures.

Au sommet de la montée le ch., obliquant à g., domine et contourne de profonds ravins aux pentes boisées; puis, par une nouvelle côte de quatre kil. (1 h. 15'), pénètre dans un entourage de montagnes sauvages et pelées. Plus loin (**6**), à dr., l'église de Saint-Sauveur-des-Pourcils apparait dans un fond verdoyant; descente de deux kil. Parvenu dans le voisinage de la *borne 37.3* on aperçoit, entre les arbres, la *cascade de Bramabiau* (**1.7**) s'échappant d'une haute fissure.

Perdant de vue le ravin on décrit une courbe à dr. pour traverser une petite plaine et la rivière du *Bonheur*, celle-ci près de l'endroit où elle se perd dans des grottes, avant de reparaître à la cascade de Bramabiau.

Quand on aura dépassé la *borne 35.7* on devra quitter (**1.6**) le ch. du Vigan pour prendre à dr. le mauvais ch. (à pied : 10') conduisant à Camprieu. Dans ce hameau, de l'autre côté de l'église, se trouve la modeste auberge de l'*Union* (**0.8**) où il faut s'arrêter pour visiter la grotte de Bramabiau et déjeuner.

La visite complète des **grottes et de la cascade de Bramabiau** demande environ 3 h. (seulement 2 h. si on se contente de parcourir la grotte d'entrée — ayant déjà vu la cascade du haut de la route — sans comprendre la grotte, aussi fort curieuse de sortie de la rivière). Le prix d'entrée est de 3 fr.; un guide, muni de bougies et de magnésium destinés à l'illumination des salles, accompagne les touristes. Il est *indispensable* de louer à l'auberge de Camprieu une blouse et un pantalon de toile (2 fr.) pour ne pas gâter ses vêtements. La traversée de la grotte est assez mouvementée et on n'en a pas suffisamment facilité l'accès.

L'entrée de la première grotte se trouve à dix min. du hameau. Quand on l'aura visitée on doit revenir sur ses pas pour descendre (20') par un sentier jusqu'à la cascade de Bramabiau.

De la cascade on pénètre dans la fissure, ou grotte de sortie, jusqu'à une distance de deux cents m. environ; la seconde moitié de ce parcours est dangereuse par suite de l'absence de main-courante le long de la paroi du rocher.

De Camprieu, revenir reprendre (**0.8** — à pied : 10') le ch. du Vigan qu'on suivra à dr.; la montée ne cesse plus sur une distance de douze kil. (3 h.). On longe le vallon rocheux du *Trécesel* dont les pentes dénudées se boisent peu à peu.

Parvenu à un coude et en vue d'un pont en pierre, on abandonnera (**1.8**) le ch. du Vigan (33) pour gravir à g. le nouveau ch. forestier qui conduit au col de la Serreyrède, à travers de nouveaux reboisements de sapins et de hêtres; belle vue à g. sur l'extrémité de la vallée du Bonheur.

Au *col de la Serreyrède* (**3.4** — 1.388 m. d'alt.) le ch., contournant à g. une maison forestière (poste de secours vélocipédique), domine la vallée de l'Hérault, au fond d'un immense cirque de montagnes (panorama de toute beauté), et gravit le mont Aigoual.

On traverse une belle forêt de hêtres au-dessus de laquelle apparait le joli château de M. Sillhol, sénateur du Gard, et on passe devant la *fontaine de l'Hérault* (**1.8**) qui donne naissance à cette rivière. Les cinq derniers kil. de l'ascension de l'Aigoual sont tracés sur les flancs dénudés de la montagne. A g. se détache (**1.8**) un sentier de raccourci conduisant à l'Observatoire (1.4), tandis que le ch. de voiture n'y parvient qu'après un plus long détour.

L'*Observatoire forestier* (**3.6**) s'élève au sommet de l'**Aigoual** (1.567 m. d'alt.) dans une situation merveilleuse. Cet édifice, auquel une tour crénelée donne l'apparence d'une forteresse, renferme les appareils servant aux observations météorologiques, le logement du gardien et l'appartement destiné aux inspecteurs.

Le cycliste, ayant déposé sa machine dans le vestibule de l'Observatoire, se dirigera (1') vers le refuge-restaurant voisin, construit en planches et retenu par de fortes chaînes pour résister au vent. **Dîner et coucher au refuge.**

DE L'AIGOUAL A NANT

PAR LA SERREYRÈDE, L'ESPÉROU, DOURBIES, LA PIERRE-PLANTÉE ET SAINT-JEAN-DU-BRUEL

Distance : **45** kil. **200** m.

Nota. — Cette route, qui ne cesse de descendre depuis l'Aigoual, présente une seule rampe douce de trois kil. et demi faisable en machine, entre Dourbie et le col de la Pierre-Plantée. Le terrain laisse parfois à désirer entre l'Aigoual et L'Espérou, mais la pente compense cet inconvénient. De Saint-Jean-de-Bruel à Nant, quatre montées insignifiantes.

Du col de la Serreyrède à celui de la Pierre-Plantée, le cycliste a le choix entre deux itinéraires qui se valent comme beauté, chacun dans leur genre. Nous avons décrit celui qui descend la vallée de la Dourbie depuis son origine. Le second itinéraire, partant de la Serreyrède, revient vers Camprieu (6) où, sans entrer dans ce hameau, on prend à g. la route de Trèves, qui descend le vallon de Trévesel ; très beaux paysages.

Après une descente dangereuse en lacets, on passe aux hameaux de La Moline (7) et de Reudavel (1.5). Quinze cents m. plus loin commence la traversée du *Pas de l'Ase*, dans l'imposante gorge du Trévesel qui débouche à Trèves (4.5 — Chef-l. de c. — 513 hab.). Depuis Trèves, la route s'élève par de nombreux lacets (Côte de cinq kil. : 1 h. 30') vers le col de la Pierre-Plantée (5), où elle se confond avec notre itinéraire.

Quand on aura repris sa machine à l'Observatoire de l'Aigoual, on redescendra au col de la Serreyrède. A la maison forestière (**7.2**), laissant à dr. la r. de Camprieu, par laquelle on est venu, et à g. la vieille r. descendant à Valleraugue (13), on suivra, vis-à-vis, le ch. de l'Espérou, mauvais par place, néanmoins acceptable à la descente. Magnifique vue sur la vallée de l'Hérault et le mont Aigoual.

A l'Espérou (**1.5** — à pied : 3'), hameau situé sur un petit plateau, tourner à g.; puis, à la croix, suivre à dr. le ch. bordé de frênes.

Laissant à g. (**1.1**) le ch. qui descend au Vigan (27) et, cinquante m. plus loin, à dr., celui de Meyrueis (28) par Camprieu (9), on prendra à g. le ch. de Dourbies. Celui-ci descend agréablement la vallée de la *Dourbie*, quelque peu dépourvue d'ombrage au début, mais devenant de plus en plus intéressante et pittoresque à mesure qu'on avance.

Le premier hameau rencontré est Laupies (**6.8**), puis vient de celui Laupiettes (**2.3**). Le ch. décrit de gracieux circuits et dépasse le hameau de Caucala (**3.7**), dans un bouquet de châtaigniers, dominé par des sommets gracieusement découpés.

Au-delà du village de Dourbies (**1.2**), le ch., accroché au flanc de la montagne, s'élève en rampe très adoucie pendant trois kil. et demi. Il parvient ainsi à une élévation vertigineuse au-dessus de la vallée dont le gouffre profond apparaît à g., après la traversée de trois petits couloirs creusés dans des rochers aux formes fantastiques.

Parvenu au faite de cette montée, on débouche sur une arête de la montagne séparant la vallée de la Dourbie de celle de Trèves (vue merveilleuse), et on atteint (**8.2**) le col de la Pierre-Plantée, où on rejoint la r. venant de la Serreyrède par Trèves (*V.* page 66).

Ici descendre à g., dans la direction de Saint-Jean-du-Bruel, la côte de six kil., douce au début, ensuite rapide et à lacets, qui ramène au niveau de la Dourbie. On franchit cette rivière sur un pont pittoresque, à l'entrée de Saint-Jean-de-Bruel (**6.5**).

Dans ce bourg important, suivre l'avenue *Balmefrezol* et, étant passé entre l'église et la halle, tourner à dr. sur la r. de Millau; petite montée de trois cents mètres.

Roulant sur une pente très douce, entre des châtaigniers, on suit à présent la rive gauche de la Dourbie, dont la fraîche vallée s'entoure de cimes moins sauvages. Après deux courtes montées apparaît à dr., près de la r., le *château de Castelneau*, berceau de la famille d'Assas (**3.8**). Plus loin, légère montée de trois cents m., et, ayant dépassé une scierie (**1.5**), bientôt on arrive à l'entrée de Nant (**1** — Ch.-l. de c. — 2.681 hab.).

La r. contourne la partie ancienne de la ville, longe la place du Foiral, plantée de beaux arbres; et, dépassant les arcades du marché couvert, atteint, près de la sortie de Nant, l'hôt. recommandé des *Voyageurs* où on doit s'arrêter (**0.4**).

DE NANT A MILLAU

PAR LA ROQUE-SAINTE-MARGUERITE, LE MONNA ET LE MASSEBIAU.

Distance : **32** kil. **100** m. *Côtes* : **10** min.

Nota. — Cette route descend presque constamment sauf quelques rares rampes, très adoucies, facilement enlevables en machine.
Si on veut faire l'ascension de Montpellier-le-Vieux, on devra quitter Nant vers cinq heures du matin afin d'arriver à La Roque-Sainte-Marguerite vers six heures et demie et pouvoir monter à Montpellier-le-Vieux avant de déjeuner.

Au sortir de l'hôt. des *Voyageurs*, revenir sur ses pas, en vue de la place du Foiral, où on prendra à g. la r. de Millau, entre le *Grand Café* et les arcades du marché couvert. Cette r. descend vers la Dourbie, puis longe la rive g. de la rivière, entre les *plateaux du Larzac*, à g., et le petit *causse Bégon*, à dr. On s'élève ensuite par une rampe très douce de quatorze cents m., jusqu'au hameau des Cuns où la descente reprend.

A dr., dans un curieux paysage (**5.1**), le village de Cantobre, planté sur un monticule isolé, domine le confluent du *Trèvesel* et de la *Dourbie*. Les parois des causses se rapprochent; petite côte (10').

On passe devant les *mines du Moulinet* (**2.2**); puis, laissant à dr. l'embranchement de la r. de Lanuéjols (16), par Revens (5), on continuera à gauche.

Parvenu à hauteur de la *borne 4* (**6.7**), ne pas manquer de s'arrêter pour regarder, sur la rive dr. de la Dourbie, la situation extraordinaire de Saint-Véran et de son château. Ce village juché à une grande élévation, sur le rebord du causse Noir, est adossé à une muraille de rochers, découpés en aiguilles, et présente un des sites les plus curieux de la région.

Un kil. plus loin, la r. franchit la rivière dont elle suivra désormais la rive droite jusqu'à Millau; gracieux passage près du *moulin du Corps* (**2**), à l'entrée d'un petit ravin boisé d'où jaillit une fraîche fontaine.

Rejoignant (**1.5**) la r. de Lanuéjols (19.5) par Saint-André-de-Vézines (8 — *V.* page 62), on ne tarde pas à atteindre le village pittoresque de La Roque-Sainte-Marguerite, dominé par un vieux château, à l'entrée du ravin du *Riou.*

Suivre la r. jusqu'à l'extrémité du village (**0.7**) et s'arrêter à g. à l'auberge *Parguel.* Cette maison offre beaucoup plus de ressources que sa modeste apparence laisserait supposer, le cycliste pouvant y trouver table et gîte suffisants.

Sitôt arrivé à l'auberge Parguel, on commandera son déjeuner et on se fera amener le guide, avec un mulet, qui doit conduire à *Montpellier-le-Vieux* (prix : 5 fr. — durée de la visite : 4 heures et demie pour le parcours complet; 2 heures et demie si on se contente d'un aperçu des grands cirques, ce qui suffira).

Montpellier-le-Vieux n'est pas, comme son nom semblerait l'indiquer, un endroit habité, mais bien une agglomération de rochers entourés d'une végétation luxuriante, situés sur le bord du causse Noir, au-dessus de La Roque. Ces rochers, découpés de toutes manières, donnent l'impression d'une ville fantastique où s'accumuleraient des colonnades, des châteaux forts, des tours et des statues étranges. L'ensemble de ce lieu bizarre se partage entre quatre principaux cirques appelés la *Millière,* les *Rouquettes,* les *Amats* et le *Lac*; on en a une vue générale de la *Citadelle,* le rocher le plus élevé de Montpellier-le-Vieux.

La r. de Millau continue à descendre la vallée, de plus en plus resserrée entre les hautes parois du Larzac et du causse Noir. Celles-ci, entrecoupées de ravins boisés, prennent souvent l'aspect de colossales falaises défendues par des forteresses.

Après le pittoresque village du Monna (**7.8**), on atteint le hameau du Massebiau (**1.7**). Ici se terminent les gorges de la Dourbie, dont les eaux calmées coulent à présent au milieu des prairies, tandis que les montagnes s'écartant forment un joli débouché sur la vallée du Tarn.

La r. dépasse l'église de la Salette (**3**), et ne tarde pas à tourner à g. pour traverser le Tarn sur le *pont de Cureplat*, à l'entrée de Millau (Ch.-l. d'arr. — 17.429 hab.).

Vis-à-vis le pont, monter l'avenue *Gambetta* jusqu'à la place de la *Fraternité*, où on prendra à dr. le boulevard de *Bonald*. Ce boulevard mène à la place du *Mandaroux* où se trouve l'hôt. du *Commerce* ainsi que les principaux cafés (**1.4** — Atelier de réparations pour les machines : chez M. *Ch. Bonnafous*, **5**, place de la *Fraternité*).

Visite de la ville de Millau (environ 1 h.). — **Les églises du Sacré-Cœur, de Notre-Dame et des Pénitents. — Le Beffroi. — La Porte de la rue du Voultre. — Le Lavoir de l'Ayrolle. — Promenade des boulevards et avenues.**

Pour mémoire. — De **Millau à Montpellier**, par La Cavalerie (19), L'Hospitalet (5), La Pezade (11), Le Caylar (5 — Hôt. du *Nord*), Pégairolles-de-l'Escalette (10), **Lodève** (10 — Hôt. du *Nord*), Rabieux (13), Saint-André-de-Sangonis (7 — Hôt. du *Lion-d'Or*), Gignac (4 — Hôt. *Bezoneck*), Saint-Paul-et-Valmalle (13), Courpouran (11) et Montpellier (8 — Hôt. du *Midi*). — à **Albi**, par Saint-Georges-de-Luzençon (11 — Hôt. *Boyer*), Saint-Rome-de-Cernon (6), **Saint-Affrique** (9 — Hôt. du *Commerce*), Vabres (4), Querbès (9), Fonfrège (4), Saint-Sernin (16 — Hôt. *Sicard*), Alban (19 — Hôt. *Carayon*), Villefranche-d'Albigeois (12 — Hôt. *Jongla*), Foncouverte (5) et Albi (13 — Hôt. du *Nord*).

DE MILLAU A RODEZ

PAR AGUESSAC, SÉVÉRAC-LE-CHATEAU, LAPANOUSE RECOULES, GAILLAC, LAISSAC, BERTHOLÈNE ET GAGES.

Distance : **79** kil. **600** m. *Côtes* : **3** h. **19** min.

Nota. — Forte étape, rendue pénible entre Aguessac et Sévérac-le-Château par une côte, très dure, longue de neuf kil. On devra quitter Millau de bon matin afin d'arriver à l'heure du déjeuner au buffet de la gare de Sévérac.

De Sévérac à Rodez, bonne route, légèrement ondulée. Une seule forte côte de deux kil. précède Rodez. Sur ce parcours on ne trouve pas d'auberges recommandables.

Le cycliste, qui voudra se ménager, pourra trouver une voiture à l'hôt. *Vidal*, à Aguessac (prix : 8 fr.), pour se faire conduire avec sa machine jusqu'à la Baraque-de-Jean, où cesse la côte et d'où il renverra la voiture.

De Millau à Rodez, la route par le Bois-du-Four (21), le Pont-de-Salars (26 — Hôt. *Derie*) et Rodez (25), quoique plus courte de sept kil., est moins intéressante et plus fatigante.

Vis-à-vis de l'hôt. du *Commerce*, suivre l'avenue de *Paris*, entre les cafés de *Millau* et *Baldayrou*. Après une légère descente et la traversée du passage à niveau du ch. de fer, la r. d'Aguessac remonte la jolie vallée du *Tarn*, limitée à dr. par les contreforts du causse Noir. (Côte : 3').

A l'entrée d'Aguessac (Hôt. *Vidal*), dominé par le village en amphithéâtre de Compeyre, on franchit de nouveau la voie ferrée en laissant, un peu plus loin, à dr. (**6.9**), le ch. de Paillhas (2.4). Ici la r. quitte la vallée et, obliquant à g., passe sous le viaduc du ch. de fer, puis s'élève (Côtes : 5', 2' et 2') à travers le vallon du *Liernensonnesque*, resserré entre deux hautes parois de rochers. On franchit le ruisseau pour passer au pied du mont que couronne le donjon du *château de Cabrières*.

Au hameau de la Grailherie (**4.8**) la r., obliquant encore à dr., s'élève dans un nouveau vallon et s'attaque à une côte en lacets de neuf kil. (2 h. 15'). Elle atteint ainsi un causse élevé, en partie inculte et peu intéressant, sur lequel le cycliste ne rencontre que les petits hameaux de Lasparetz (**5.3**), de la Souque (**3.1**) et de la Baraque-de-Jean (**2.1**).

Depuis la Baraque-de-Jean commence une agréable descente de huit kil. dans l'étroit vallon de *Verleng* débouchant dans la vallée de l'*Aveyron*.

Parvenu à hauteur de la *borne 14.8* (**8.1**), pour éviter un détour inutile, on devra abandonner la r. de Sévérac-le-Château (1.8) et descendre à g. un ch. (défectueux au début; à pied : 3') qui passe devant deux fermes et un moulin, au-dessous de la colline de *Notre-Dame-de-Lorette*. Ce ch., continuant entre des haies jusqu'au hameau des Calquières, coupe une r. bordée du télégraphe; puis, s'améliorant, ayant encore dépassé une scierie et gravi un raidillon, rejoint la ligne du ch. de fer qu'il longe jusqu'à la station de Sévérac-le-Château (**2** — Ch.-l. de c. — 3.168 hab. — Hôt. *Gaches*) où on pourra s'arrêter pour déjeuner, au buffet.

De la station de Sévérac on peut monter (à pied : 30') au *château*, jadis un des plus importants de la région. Il n'en subsiste plus aujourd'hui qu'une partie habitable, le reste étant tombé en ruine. De l'esplanade, vue étendue.

Cinq cents m. après la station on passera à g. sous le pont de la *ligne de Saint-Flour* pour continuer par la r. de Rodez. Celle-ci longe par moment la voie ferrée et, quoique ondulée, descend la vallée de l'*Aveyron* à travers d'agréables paysages.

Au-delà de Lapanouse (**2.6** — petite montée et descente), on roule au pied du monticule sur lequel s'élève le *château de Loupiac* (**1.4**) reconnaissable à ses quatre tours d'angle.

Rampe douce d'un kil. suivie d'une descente d'égale longueur vers Recoules (**4.5**), village sur le ruisseau de l'*Olip*. On monte ensuite pendant douze cents m. (5') vers Varès (**1.4**), hameau possédant un château en bordure de la r. Celle-ci, tracée en avenue, atteint Saint-Amans-de-Varès (**1.1**), puis descend vers Gaillac (**1.2**), petit bourg sur la rive dr. de l'Aveyron.

Après Mezerac (**2.1**), on dépasse la gare de Lugans (**1.3**) qui dessert le village et le château du même nom, situés sur l'autre rive. Ayant traversé la ligne du ch. de fer on perd de vue l'Aveyron car cette rivière, décrivant une courbe prononcée à dr., ne reparait qu'au-delà de Bertholène, et on s'élève sur un mamelon par une rampe légère, longue de deux kil. La vallée, élargie, est limitée à dr. par des coteaux, tandis qu'à g. de hautes collines boisées bornent l'horizon.

Une petite montée (2') précède l'*orphelinat de Grèzes* (**3.8**); puis une descente douce mène à l'entrée de Laissac (**2.6** — Ch.-l. de c. — 1.335 hab.).

A la sortie du bourg, vis-à-vis la maisonnette de la bascule, laissant à dr. le ch. de Gabriac (8), on montera à g. (Côte : 5') la r. de Rodez, bordée de peupliers. Au-delà de Bertholène (**4.4**), village pittoresque bâti sur une butte conservant encore les ruines d'un ancien château, on retrouve l'Aveyron coulant à dr. au milieu de prairies verdoyantes. Du même côté, remarquer le beau *château de Montrozier* (**3.3**).

Plus loin, au pont de Gages (**3.1**), vous passez sur la rive droite de la rivière. L'aspect du pays se modifie mais demeure riant; à g., la belle *forêt des Palanges* couvre de sa verdure le sommet des monts. Successivement on reconnait une petite exploitation minière, la gare de Gages (**1.2**) et le hameau de Canabols (**4**), ce dernier précédé d'une côte de sept cents m. (7').

Quoique encore éloignée de plus de sept kil., la ville de Rodez apparait vers la g. entre deux collines ; descente au hameau de la Roquette (**2.8**).

Un ch. qui se détache à g., à la Roquette, traverse l'Aveyron et conduit à La Croux (4), dans le voisinage du village d'Agen. Continuant dans la direction d'Arques il franchit, huit cents m. après

La Croux (0.8), le ruisseau de *Laval* et, trois cents m. plus loin, celui de *Palange*. En remontant à pied le bord de ce dernier ruisseau on atteint, après environ sept cents m. de parcours (1), la belle **cascade du Saut**, récemment découverte.

Au-delà de la Roquette, vous rapprochant du ch. de fer, bientôt vous rejoindrez (**4.2**) la r. de Toulouse, à l'angle de l'hôt. des *Quatre-Saisons*.

Ici, tourner à g. pour traverser le pont, en vue de la station de Rodez, et gravir la longue côte de deux kil. (30') qui conduit en ville.

A l'entrée du faubourg la r., sous le nom d'avenue *Tarayre*, présente à dr. une belle terrasse (vue étendue) et passe devant la nouvelle église du *Sacré-Cœur*. Plus haut, laissant à g. une place avec fontaine, on devra continuer la rue vis-à-vis (rampe très dure) jusqu'à la place d'*Armes*; celle-ci ornée d'un petit square, au pied de l'imposante cathédrale de Rodez (Ch.-l. du dép. de l'Aveyron — 16.122 hab.).

Passant entre le square, à g., et la r. d'Albi (79), à dr., on contournera le square à g., pour prendre quelques m. plus loin, à dr., le boulevard *Gambetta*, où se trouve situé au n° 7 l'hôt. recommandé *Biney* (**2.3** — Atelier de réparation pour les machines : chez *M. E. Pouget*, 1, boulevard *Gambetta*).

Visite de la ville de Rodez (environ 2 h. 1/2). — La Cathédrale (monter au clocher). — Place de la Cité (statue de Mgr Affre). — Place du Bourg. — Maison des Anglais. — Hôtel d'Armagnac. — Eglise Saint-Amans. — Points de vue des terrasses du Palais de Justice et du tour de ville. — Vieilles tours.

Excursion recommandée au départ de Rodez. — A l'abbaye de Bonnecombe (14 kil. 600 m. — En voiture particulière : 8 fr.).

Itinéraire : A la sortie de l'hôt. *Biney* descendre à dr. le boulevard *Gally;* puis à g. le boulevard *Guizard*, en passant entre le café de l'*Univers* et le Palais de Justice. Quelques m. plus loin, tourner à dr. et descendre la petite r. tracée au-dessous de la terrasse du Palais de Justice. Plus bas, à l'extrémité des acacias, tourner à g. et descendre la r. d'Albi, ou avenue *Amans-Rodat*. Au bas de la descente on traverse l'Aveyron au village de Moulines (**2.1**) et, par une côte très dure, longue de deux kil. (30'), suivie de trois montées plus douces (7', 5' et 5'), on atteint le hameau de la Ronde-de-Primaube (**5.8**). La r., insignifiante, bordée de haies, laisse à g. celle de Millau (63), par le Pont-de-Salars, et descend à dr. jusqu'au hameau d'Arlassac (**0.4**). Ici, abandonnant la r. d'Albi (71), suivre à g. la r. de Cassagnes. Huit cents m. plus loin, à la bifurcation, continuant à g. on ne tardera pas à descendre pendant quatre kil. et demi le joli vallon boisé menant au hameau de Bonnecombe (**5.7**).

A Bonnecombe, laisser sa machine en garde à l'hôt. de la *Belle-Fontaine*, puis parcourir encore trois cents m. sur la r. de Cassagnes pour atteindre l'endroit où on a une vue d'ensemble sur l'*abbaye de Bonnecombe;* ensuite revenir sur ses pas vers l'hôtel. De l'hôtel on se rendra à l'abbaye (**0.6**), soit par la r. qui traverse le *Viaur*, sur le *pont du Diable*, soit par le sentier de raccourci qui franchit la rivière (quand les eaux sont basses) au pied du couvent.

L'abbaye de Bonnecombe, qui renferme une soixantaine de moines de l'ordre de la Trappe, peut être visitée, sauf par les dames.

Le retour de Bonnecombe à Rodez présente sept kil. de côtes (1 h. 45').

Pour mémoire. — De **Rodez à Albi**, par Ronde-de-Primaube (8), Carcenac-Peyralès (12), Cabrespine (13), Tanus (10), La Farguette (11), Carmaux (8 — Hôt. *Mader*), Le Garric (6) et Albi (10 — Hôt. du *Nord*). — à **Montauban**, par Rignac (29 — Hôt. *Hérail*), Anglars (7), Lanuéjouls (5), **Villefranche-de-Rouergue** (16 — Hôt. du *Grand-Soleil*), Memer (13), Parissot (7), Caylus (9 — Hôt. *Delmal*), Sept-Fonds (14 — Hôt. *Delpech*), Caussade (7 — Hôt. du *Commerce*), Réalville (7), Albias (5) et Montauban (11 — Hôt. du *Midi*). — à **Cahors**, par Villefranche-de-Rouergue (57 — *V.* ci-dessus), Martiel (10), Limogne (14 — Hôt. *Ferrand*), Concots (10), Talonnet (9), Arcambal (10) et Cahors (8 — Hôt. de l'*Europe*). — à **Aurillac** (97), *V.* page 98, en sens inverse.

DE RODEZ A ESPALION

PAR SÉBAZAC, LE GOUFFRE DU TINDOUL, SÉBAZAC, LIOUJAS, CURLANDE ET BOZOULS.

Distance : **46** kil. **700** m. *Côtes* : **2** h. **13** min.

Nota. -- Avoir soin de quitter de très bonne heure Rodez si on veut visiter le gouffre du Tindoul et le site de Bozouls avant le déjeuner. Ce repas ne peut être pris convenablement qu'à Bozouls. Route accidentée.

De l'hôt. *Biney*, on redescendra à l'hôt. des *Quatre-Saisons* (**2.3** — *V.* page 74), où, laissant à dr. la r. de Sévérac-le-Château par laquelle on est venu, on continuera devant soi par celle de Lioujas. Celle-ci descend à travers des prairies, puis s'élève pendant quinze cents m. (14') en décrivant une forte courbe.

Parvenu à hauteur de la *borne 59* (**4.3**), le cycliste pourra quitter momentanément la r. de Bozouls pour prendre à g. la r. d'Entraygues (40.3), s'il désire visiter le *gouffre du Tindoul* en acceptant un détour de onze kil.

La r. d'Entraygues débute par une côte (4') menant à Sébazac (**1** — Restaurant *Fric*). Dans ce village, à la croix, laissant à dr. le ch. de Bezonne (6) on continuera à g. (Côtes : 2' et 1'). Longue descente à travers des landes, coupée par une légère côte (2'). Après deux nouvelles montées (2' et 3') on traverse un petit bois de chênes clairsemés et on descend encore ; ici, faire attention, car il faut vous arrêter à la *borne 5.1* (**1.1**). Remarquant à g. un ch. de chars, faiblement tracé entre de jeunes chênes, on s'y engagera et, après quatre cents m. de marche (6'), on atteindra le bord du **gouffre du Tindoul (0.4)**.

Ce gouffre naturel, ou *aven*, dont l'orifice mesure 20 m. de diamètre, est profond de 60 m. Il s'ouvre à ras de terre et on y descend au moyen d'un escalier en fer, à trois paliers, présentant 105 marches. Toutefois, vu l'état d'abandon dans lequel cet escalier est laissé, nous n'en conseillons pas la descente qui pourrait être dangereuse. Au fond du Tindóul existe une ouverture donnant accès dans une galerie souterraine qui conduit, dit-on, jusqu'au ruisseau de Salles-la-Source, situé à cinq kilomètres.

Du gouffre du Tindoul revenir (Côtes : 5', 3', 10' et 2') à la r. de Bozouls (**5.5**).

La r. de Bozouls, très ondulée, demeure sans intérêt jusqu'aux environs de Curlande. Elle s'élève (6') parmi des pâturages sur le grand causse rocheux du *Comtal* et gravit, après Lioujas (**2.7**), un mamelon dénudé (Côte : 8'). Elle descend ensuite pendant trois kil. à travers une région inculte, coupée par une côte (6'). Gravissant une nouvelle montée d'un kil. (10') on atteint une hauteur d'où apparait une contrée plus pittoresque dont l'horizon est borné par une ligne de montagnes.

Descente de quinze cents m. vers Curlande (**7.1**) et le *pont d'Alenq*, sur le *Dourdou*. La contrée s'accidente (Côtes : 7' et 15'); à dr., les villages d'Aboul et de Gillorgues s'abritent dans des vallons boisés.

Au bas d'une descente, parvenu à hauteur de la *borne 43.9* (**5.3**), on remarquera, à l'entrée d'un ch. qui s'ouvre à g., un poteau indicateur portant la mention : *Bozouls — ce site, le plus pittoresque de la France, fait l'admiration des touristes de l'Europe*. Ici, quitter la r. et descendre à g., dans cette direction pour arriver, au bas de Bozouls, à une petite place où se trouve le *café de Paris* (**0.9**).

Bozouls est un extraordinaire chef-lieu de canton (2.302 hab.) dont les maisons, partagées en deux groupes, sont situées sur les bords de la profonde gorge du *Dourdou*. Les deux parties de la localité sont reliées par des ponts pittoresques et renferment un réseau de ruelles et de sentiers formant un site unique dans son genre.

Laissant en garde sa machine au café de Paris, on devra se faire indiquer le ch., à g. de la petite place, qui, traversant le Dourdou, vous permettra d'aller visiter l'église, construite sur l'emplacement d'une ancienne abbaye (de la terrasse vis-à-vis le portail, vue magnifique sur la partie opposée des gorges). A la sortie de l'église on descend à dr. un sentier très rapide ramenant au bas de la gorge, d'où on peut juger de sa profondeur, et à un pont qu'il faut traverser pour revenir à dr. au café de Paris. Ce parcours, très intéressant, demande environ 1 h. de marche.

Du café de Paris on reprendra le ch. suivi en venant de la r. de Rodez; mais, ayant fait deux cents m., vis-à-vis la fontaine et le lavoir, on montera à g. (10') le ch. qui conduit dans la partie haute de Bozouls; et, tenant toujours la g., on passera devant la mairie (très belles échappées de vue sur la gorge et le quartier de l'église). A l'extrémité de la rue est situé l'hôt. *Monjaux* (**0.9**) où on pourra s'arrêter pour déjeuner.

Tournant à dr. de l'hôt. Monjaux sur la r. d'Entraygues (32.8) à Cruéjouls (13.8), on rejoint, au carrefour de la Rotonde (**0.9**), la r. de Rodez à Espalion; tourner à g. dans cette dernière direction.

La r. s'élève pendant trois kil. (10', 2', 3' et 3') pour atteindre une sorte du col, d'où on descend ensuite pendant huit kil. vers la vallée du *Lot.* Magnifique descente en pente douce, mais sinueuse, dans un entourage pittoresque de montagnes; à dr., se dressent les ruines du *château de Calmont-d'Olt* sur un mont isolé.

Dans Espalion (Ch.-l. d'arr. — 3.667 hab.), à la place du *Palais-de-Justice*, tourner à dr. pour se rendre à l'hôt. recommandé *David* (**11.3**).

Visite de la ville d'Espalion (environ 1 h.). — L'église paroissiale. — L'ancienne église. — Le Vieux Pont. — Vue de l'Hôtel de Ville et du vieux pont, de la place du Foiral. — Ancienne tour.

D'ESPALION A MUR-DE-BARREZ

PAR ESTAING, ENTRAYGUES-SUR-TRUYÈRE, LE PONT DE COUESQUE ET LA CROIX-BARREZ.

Distance : **57** kil. *Côtes* : **2** h. **41** min.

Nota. — Excellente route d'Espalion à Entraygues-sur-Truyère par le défilé du Lot. Après le pont de Couesque, côte de sept kil., ensuite très ondulé jusqu'à Mur-de-Barrez.

D'Espalion à Chaudesaigues (*V.* page 84) la route directe, sans intérêt, mesure 56 kil. et passe par Laguiole (24 — Hôt. *Régis*), La Calm (13) et Chaudesaigues (19).

Une autre route, par Saint-Côme (4), Salgnes (8), Le Poujet-Jeune (4), Aubrac (11 — Hôt. *Auguy*), Nasbinals (7.5 — Ch.-l. de c. — 1.322 hab. — Hôt. *Batifol*), La Chaldette (13 — Hôt. *Séguy*) et Chaudesaigues (10.5), permet de visiter les hauts plateaux des *montagnes d'Aubrac*, le hameau d'Aubrac (très fréquenté par les marchands de vin Aveyronnais de Paris, qui viennent y faire une cure d'air et de petit lait) et le petit établissement thermal de la Chaldette (maladies de poitrine et des bronches). Par cette route, on compte d'Espalion à Aubrac vingt et un kil. de côtes très dures; d'Aubrac à Chaudesaigues. la descente est presque continuelle.

Toutefois, les plateaux dénudés de l'Aubrac ressemblant beaucoup à ceux de la région que l'on a déjà parcourue, entre Saint-Flour et Marvejols (*V.* pages 45 et 47), nous conseillons aux cyclistes de choisir de préférence l'itinéraire, très pittoresque, que nous décrivons par Mur-de-Barrez, le pont de la Cadenne, Sainte-Geneviève et La Calm

A la sortie de l'hôt. *David*, tourner à g , puis de suite à dr., à l'angle de la tour, pour aller traverser le pont sur le *Lot.* Parvenu à hauteur de l'hôt. *Mirabel* (**0.6**), laissant à dr. la r. directe de Chaudesaigues (55), par Laguiole (21), on suivra à g. la r. d'Entraygues.

Celle-ci descend entre des collines bien cultivées la gracieuse vallée du Lot, et longe des prairies parsemées de bouquets d'arbres; montée de cinq cents m. Après le hameau de Nadaillac (**2.8**), nouvelle montée de huit cents m. et, un peu plus loin, petit raidillon (2'). Bientôt la vallée se resserre et l'on entre, à partir de la *borne 19* (**4.3**), dans le *défilé du Lot.*

Joli parcours d'un kil. sous l'ombrage de beaux châtaigniers; puis, dans une partie plus découverte, on arrive à Estaing (**2.7** — Ch.-l. de c. — 1.567 hab.), village groupé autour d'un antique château, occupé actuellement par l'école de filles des Sœurs de Saint-Joseph.

A Estaing, laissant à g. le pont et la r. de Villecomtal (14), on continuera à dr. du café *Girou.* Le défilé du Lot ne laisse que la place suffisante à la r. et à la rivière. Après cinq kil., assez riants, la gorge encore plus rétrécie, bordée de roches, prend un aspect sauvage durant un parcours d'environ cinq kil. Ensuite on traverse un ravin dominé par le hameau de Leth, accroché à l'angle de la montagne (**10.3**), puis le vallon redevient gracieux.

Ayant dépassé à g. (**6.3**) le pont de la r. de Rodez (44), par Villecomtal (18), un joli quai conduit à Entraygues-sur-Truyère (1.902 hab.), dans une situation charmante au confluent de la *Truyère* et du *Lot.*

Devant la *Gendarmerie* (**0.6**), quitter le quai du Lot et monter (1') la r. à dr. Celle-ci contourne la ville et mène au *pont de la Truyère* (**0.6**); près duquel se trouve l'hôt. des *Voyageurs*, où on s'arrêtera pour déjeuner.

De l'autre côté du pont, la r. de Mur-de-Barrez remonte à dr. la vallée de la Truyère (Côte : 7'), puis ondule à flanc de montagne (Côtes : 2', 3' et 5'), à l'ombre de châtaigneraies.

Après le *pont de Couesque* (**5.5**), jeté sur le profond ravin de la rivière des *Maures*, la r., moins bonne, attaque une côte longue de sept kil. (1 h. 45'). On s'élève par de grands circuits au-dessus de la vallée de la Truyère aux sauvages méandres, et on atteint la crête d'un plateau qu'on suivra jusqu'à Mur-de-Barrez.

Sur ce plateau, entrecoupé de landes, de pâturages, et de quelques bouquets d'arbres, la r. ondule (Côtes : 5', 2', 15', 2' et 2'), ne rencontrant que de rares maisons isolées ; à dr. et à g., la vue s'étend au loin sur une jolie région mouvementée, limitée par une ligne de montagnes aux sommets arrondis.

Après le village de la Croix-Barrez (**14.7**) la r., continuant à onduler (Côtes : 2', 3', 3' et 2'), laisse à g. (**6.8**) la direction d'Aurillac (35), par Taussac, et, atteignant l'extrémité du plateau, entre dans Mur-de-Barrez (Ch.-l. de c. — 1.460 hab.).

S'arrêter à l'hôt. du *Midi*, sur la place de la *Tour de l'Horloge* (**1.8** — Très belle vue de la plateforme où s'élevait autrefois le château).

DE MUR-DE-BARREZ A CHAUDESAIGUES

PAR BROMMAT, LE PONT DE LA CADENNE, SAINTE-GENEVIÈVE ET LA CALM.

Distance : **53** kil. **100** m. *Côtes* : **4** h. **48** min.

Nota. — Étape assez dure. Côtes de trois kil. cinq cents m., après Brommat, et de quatre kil. cinq cents m., après le pont de la Cadenne. De Sainte-Geneviève à La Calm, montée presque continuelle. De La Calm à Chaudesaigues, parcours très accidenté; cinq kil. de côtes. On pourra au besoin coucher à La Calm, où il y a une auberge passable.

Vis-à-vis l'hôt. du *Midi*, prendre à g. la r. de Sainte-Geneviève. Belle descente de trois kil. dans la verdoyante vallée de la *Bromme*. De l'autre côté du pont sur cette rivière, à un hameau dépendant de Brommat (**3.1**), on laissera le ch. de Pierrefort (34), à g., pour gravir à dr. une côte, longue de trois kil. cinq cents m. (55'), conduisant sur l'arête qui sépare la vallée de la Bromme de celle de la Truyère.

Presqu'aussitôt commence une terrible descente, longue de cinq kil. quatre cents m., décrivant d'immenses lacets sur les flancs granitiques de la *gorge de la Truyère*. Ce passage, certainement un des sites les plus sauvages et les plus pittoresques du voyage, peut rivaliser en beauté avec celui du pont de Garabit que l'on connaît déjà. Un des points de vue les plus remarquables de la gorge se trouve, à dr., vis-à-vis la *borne 10 3*. Au bas de la descente (**9.2**) on traverse la Truyère sur le **pont de la Cadenne**, à trois arches, construit à 37 m. au-dessus du niveau de la rivière.

La r. s'élève ensuite en lacets, pendant quatre kil. cinq cents m. (1 h. 10'), sur les escarpements en partie boisés de la rive g. Parvenu sur le bord du plateau, on redescend pendant neuf cents m. jusqu'au pont de l'*Argence* (**5.5**); puis on remonte, en rampe douce, le vallon de l'Argence au milieu de landes entrecoupées de pâturages; à g. se détache (**0.9**) le ch. de Orlhaguet (1.3), village possédant un ancien château. La montée (10') continue jusqu'à Sainte-Geneviève (**1.2** — Ch.-l. de c. — 1.530 hab. — Hôt.. *Pélissier*).

Sur la place de ce village, laisser à dr. la r. de Laguiole (20), et descendre devant soi le ch. qui traverse, un peu plus bas, le ruisseau de l'*Argence-la-Vive* dans un gracieux paysage. Quelques m. plus loin, à la bifurcation de la croix, suivre le ch. à dr.; petite montée (2'). On descend ensuite vers le joli et frais vallon de l'*Argence-la-Morte* qu'on remonte, après le pont, à dr., (Côte : 15') jusqu'au hameau des Engles (**3.5**).

Le ch., qui ne cessera bientôt plus de s'élever par une rampe plus ou moins adoucie (Côtes: 8', 15', 2', 5',), passe à Brenac (**0.9**), décrit deux fortes courbes, traverse à dr. l'arête d'un petit col et laisse à g., sur une hauteur, le village de Vitrac (**3.1**) avec son château moderne. Sept cents m. plus loin, on dépasse un bouquet de pins, plantés au-dessus d'un amas de rochers, et, après une courte descente de quatre cents m., on gravit sur les hauts pâturages une forte côte de seize cents m. (25'); vue étendue.

A la côte succède une descente de plus de trois kil. conduisant vers le ravin du *Réols*. Sur le bord opposé de ce ravin apparaît La Calm; un ch. de raccourci mène directement au village; mais, trop rapide, on préférera continuer à dr. la descente jusqu'au pont sur lequel le ch. franchit le Réols pour rejoindre (**6.1**) la r. venant de Laguiole. Tournant à g. on montera (15') vers La Calm (**0.7** —Aub. *Chincholle*) une des localités dans la région la plus élevée et la plus froide du département de l'Aveyron.

A la place de l'église la r. oblique à dr. et descend, depuis le cimetière, pendant deux kil. jusqu'au pont du ruisseau de *Lebon*. Elle traverse des pâturages et parcourt de hauts plateaux mamelonnés; vue étendue.

Longue côte de près de trois kil. (30') dont un tiers est enlevable. Au milieu d'un bois de pins, vous passez (**5.3**) du département de l'Aveyron dans celui du Cantal. Sortant du bois on descend, sauf une montée de deux cents m. (2'), pendant quatre kil. vers la vallée boisée du ruisseau des *Taillades*. Successivement on reconnait le hameau de la Moulette (**1**), un ch. à dr. (**1.3**) pour Saint-Urcize (14.4) et le hameau de la Maison-Neuve (**1.6**) voisin de l'embranchement, à g. (**0.1**), du ch. de Lieutadès (6.2).

Après le pont des Taillades (**0.1**), côte de quatorze cents m. (19') suivie d'une rapide descente pour traverser, au Pont-Rouge (**2.8**), le ravin du ruisseau de *Lévandes*. Nouvelle côte d'un kil. (15'); belle vue à g. sur les monts du Cantal.

Depuis la *borne 8.5* on commence à se laisser aller sur la longue descente qui mène à Chaudesaigues. D'abord douce elle devient plus rapide, à la sortie d'un bois de pins, dans la direction d'une grande plaine dénudée. Deux kil. plus loin la pente, s'accentuant, présente des tournants brusques et dangereux dans l'étroit ravin du *Remontalou*.

On contourne à g. la butte sur laquelle s'élève la tour du *château du Couffour* (très belle vue), ruines auxquelles on peut se rendre par un sentier qui se détache de la r. à l'un des tournants (**5**). Un kil. plus bas s'éloigne à g. (**1**) le ch. d'Espinasse; (8.3); puis apparait Chaudesaigues (Ch.-l. de c. — 1.674 hab.), au fond du vallon formant entonnoir, entouré de tous côtés par la montagne.

A l'entrée de la petite ville on rejoint (**0.5**) la r. venant de Fournels (14) et de Saint-Chély (28.8). Quelques m. plus loin, et du même côté, se trouve l'entrée de l'*établissement thermal* des eaux de Chaudesaigues (souveraines contre les rhumatismes, la goutte, la sciatique, les affections du cœur et du foie). Suivant la rue qui longe le ruisseau du Remontalou, on ne tarde pas à arriver sur une petite place avec fontaine surmontée d'une colonne. Vis-à-vis se trouve l'hôt. recommandé du *Midi*, terme de l'étape (**0.2**).

Nota. — Chaudesaigues, qui fut jadis fortifiée, est aujourd'hui une station des plus tranquilles, malheureusement trop privée de moyens de communication. Ses habitants disposant de sources thermales abondantes, d'une température de 84°, en ont employé les eaux à tous les usages domestiques; ainsi elles servent, par un système ingénieux de canalisation, à chauffer les maisons pendant l'hiver et à préparer les aliments.

DE CHAUDESAIGUES A SAINT-FLOUR

PAR LE PONT DE LANAU, CORDESSE ET LES TERNES

Distance : **30** kil. **600**. *Côtes* : **3** h. **1** min.

Nota. — Route intéressante mais rendue pénible par une côte de huit kil. et demi, entre le pont de Lanau et Cordesse.

Sortant de l'hôt. du *Midi*, suivre à g. la r. de Saint-Flour, qui longe le torrent du *Remontalou* ; petite montée (3').

Parvenu à la *chapelle de Notre-Dame-de-Pitié* (**0.7**), d'où on a un joli coup-d'œil en arrière sur le vallon de Chaudesaigues, laisser à dr. le ch. de Mallet (18.1), et continuer à g. par la r. de Lanau. Celle-ci, tracée en corniche, domine la vallée aride du Remontalou et l'entrée du ravin de Maleval. On descend rapidement pour traverser un pont (**3.4**) qui conduit sur la rive dr. du cours d'eau ; ensuite on débouche dans la vallée de la *Truyère.*

Après avoir franchi cette rivière au pont de Lanau (**1.6**), la r., gravissant une côte, longue de huit kil. quatre cents m. (2 h. 15'), s'élève sur le flanc de la montagne. Taillée en terrasse dans le rocher, elle surplombe à une hauteur vertigineuse la vallée très sévère et déserte ; puis, s'en écartant peu à peu, pénètre (**3.1**) dans un ravin boisé.

Plus loin, se détache à dr. (**2.7**) le ch. de Lavastrie (5.1) et de Serriers (11.3). A l'extrémité du ravin, on atteint une région découverte et cultivée ; laissant encore à g. (**0.5**) le ch. de Neuvéglise (1.7), bientôt on traverse Cordesse (**0.6**).

Dépassé ce hameau, la côte finit sur le grand plateau de la *Planèze*, dépourvu d'arbres, mais recouvert de pâturages ou de landes monotones. La r. toute droite, plutôt légèrement descendante, présente néanmoins quelques petites montées (1', 3', 4' et 2'). Elle offre une vue étendue : à dr., sur les monts d'Aubrac et de la Margeride : à g., sur le massif du Cantal. Dans ce désert, on ne rencontre que le hameau de Peirelade (**4.2**). Cependant, deux kil. plus loin commence une agréable descente de seize cents m. dans la jolie vallée des Ternes. Au bas, on franchit le ruisseau (**3.5**), près l'embranchement de la r. de Pierrefort, et l'on monte (3') au village des Ternes (**0.6**). Celui-ci, gracieusement situé en amphithéâtre parmi les bois et les prés, groupe ses maisons autour d'un intéressant château gothique restauré.

Légère rampe de trois cents m. ; à g., se détache (**0.6**) le ch. de Cussac (7.6). On traverse un pont au-dessous du hameau étagé du Crouzet, ensuite on monte encore un kil. (12'). Au détour apparaît une vaste plaine mouvementée et, dans le lointain, la ville de Saint-Flour ; descente agréable de cinq kil. six cents m. Successivement on dépasse le hameau de Riboyrovielle (**2.5**) et le village de Bousentes (**0.6**). La pente s'accentue pendant deux kil. tandis qu'on traverse un petit défilé rocheux ; puis, à la descente succède une dernière côte d'un kil. (15'), en partie douce, s'élevant à flanc de colline.

Aux premières maisons de Saint-Flour (*V.* page 44) on laisse à g. (**5.5**) la r. de Murat et bientôt, passant devant la grande place plantée d'arbres du Foiral, on arrive vis-à-vis l'hôt. de l'*Europe* (**0.5**).

DE SAINT-FLOUR AU LIORAN

PAR ROFFIAC, USSEL, MURAT ET LAVEISSIÈRE.

Distance : **31** kil. *Côtes* : **2** h. **4** min.

Nota. — Bonne route malgré ses deux fortes côtes : la première, après Roffiac, longue de trois kil. pour atteindre le plateau de la Planèze, et la seconde, mesurant quatre kil. et demi, entre Laveissière et le Lioran. Descente dangereuse précédant Murat.

Au sortir de l'hôt. de l'*Europe*, tournant à g., on laissera à g., à l'*octroi*, la r. du *Faubourg* et on prendra à dr. la r. de Chaudesaigues, qui passe devant l'hôpital. Trois cents m. plus loin, abandonner (**0.5**) la r. de Chaudesaigues et suivre à dr. la r. de Murat.

Celle-ci s'élève en rampe douce pendant douze cents m. et domine la large vallée du Lander. On descend ensuite rapidement deux kil. pour arriver au village de Roffiac (**4.5** — curieuse église enclavée dans les ruines d'un ancien château), situé sur les bords du torrent.

Remontant pendant trois kil. (45') une vallée boisée, on parvient sur le haut et monotone plateau de la *Planèze*. La r., toute droite, légèrement ondulée, se dirige vers les montagnes du Cantal ; petite montée (2'). Successivement on dépasse le hameau du Luc, au croisement (**5.3**) du ch. de Valuéjols (4) à Coltines (3.4), puis le village d'Ussel (**3.6**), au pied d'un monticule orné d'un calvaire.

La r. s'élève un peu (4' et 5'), laisse à g. (**2.2**) le ch. de La Veissenet (2.8) et atteint (**0.7**) le bord méridional du plateau. Alors commence une descente de près de cinq kil., ne tardant pas à devenir dangereuse par la rapidité de ses tournants brusques. On passe sans transition de la plaine uniforme dans la délicieuse vallée de l'*Alagnon*, creusée au cœur des montagnes du Cantal. Le changement de décor est féerique et le cycliste fera bien de s'arrêter un moment, sur la lisière d'un petit bois de sapins, à hauteur de la *borne 14.4*, pour admirer le magnifique paysage qu'on découvre de ce point. Au-dessous de ce col, les lacets inférieurs de la r. forment un gigantesque escalier; vers la g., se dressent le *rocher de Bredons* et son église; en face, la ville de Murat repose au pied du *rocher de Bonnevie*, couronné de la statue colossale de la Vierge, tandis que le massif du puy Mary ferme l'horizon.

Plus bas (**1.9**), se détache à g. le ch. venant de La Veissenet (2.2) et de Valuéjols (7.8); ensuite on franchit le ruisseau du *Lagnon*. La r., bordée à dr. par de fraîches prairies, contourne à g. le rocher de Bredons et gagne le pont en pierre (**2.8**) jeté sur l'Alagnon.

Un chemin muletier monte (20') du pont de l'Alagnon à l'*église de Bredons*. Elle renferme de nombreux objets anciens et s'élève sur l'emplacement d'un ancien château construit par saint Louis. De la terrasse très jolie vue. Malheureusement, au bas du rocher, il n'y a aucune maison où on puisse laisser sa machine et il faut faire cette excursion à pied de Murat.

De l'autre côté de la rivière, après une courbe autour d'un monticule, qui cache momentanément la vue de Murat (**0.7** — Ch.-l. d'arr. — 3.203 hab., hôt. des *Messageries*), on monte (6') vers cette ville par le faubourg *Notre-Dame*. Dès qu'on aura traversé le pont du ch. de fer tourner à g. et longer la ligne par l'avenue de la *Gare*.

Visite de la ville de Murat. — La ville de Murat ne présente aucune curiosité particulière. On remarque seulement quelques anciennes maisons dans les rues, très escarpées, qui conduisent au pied du *rocher de Bonnerie* sur lequel s'élève la statue de la Vierge. Du haut de ce rocher (à pied : 35') vue splendide sur les montagnes qui entourent Murat.

Passant entre la gare, à g., et l'avenue de la *République*, à dr. (qui conduit en ville), on continuera l'avenue de la *Gare*, allant rejoindre la r. de Laveissière.

Celle-ci, bordée de peupliers, descend et laisse à dr. une scierie, à l'entrée du vallon de la *Chevade*. Plus loin, après l'embranchement du ch. de Saint-Martin-sous-Vigouroux, qui se détache (**0.8**) à g., on rencontre deux petites côtes (1' et 1') et on remonte la charmante vallée de l'Alagnon, aux grasses prairies et aux coquets villages.

La r., gracieusement ombragée, traverse successivement le hameau de Fraisse-Bas (**3**), le village de Lavoissière (**1.6**) et le hameau de Fraisse-Haut (**1.7**). Presque aussitôt, après un petit château à tourelle, commence la montée du Lioran, longue de quatre kil. sept cents m. (1 h.).

La vallée, qui prend un caractère alpestre, se rétrécit entre des montagnes dont les pentes se couvrent de sapins. Des ruisseaux, formant cascades, s'échappent de pittoresques ravins, comme celui de la *Pierre-Taillade* (**1.8**), franchi à hauteur de la *borne 41.5*, et celui du *viaduc de l'Aiguille*, aperçu à g. (**2.3**) sur l'autre rive de l'Alagnon.

Sortant du bois on atteint le hameau du Lioran, but de l'étape. Ici s'arrêter, vis-à-vis la *borne 38.6*, à l'excellent hôt. des *Touristes*, propriété de la Compagnie d'Orléans (**0.6**), où on doit dîner et coucher.

Le hameau du **Lioran**, situé dans un délicieux site alpestre, à l'extrémité de la vallée de l'Alagnon, et à six cents m. du fameux *tunnel du Lioran*, sous lequel passe la r., est uniquement composé de la gare, de deux hôtels et de la maison des employés du chemin de fer.

Le Lioran, appelé à devenir une station fréquentée, est, pour les personnes tranquilles, un agréable séjour et un excellent centre d'excursions dans les montagnes de la Haute-Auvergne.

Les trois principales excursions recommandées, qui peuvent être faites à pied du Lioran, sont : les ascensions du **Plomb du Cantal** (1.858 m. d'alt. — montée : 2 h. 30'; descente : 2 h.); du **Puy-Griou** (1.694 m. d'alt. — même distance) et du **Puy-Mary** (1.787 m. d'alt. — montée : 4 h. 30' ; descente : 3 h.).

Des chemins muletiers, ou des sentiers commodes, conduisent du Lioran à ces trois sommets, d'où on découvre des points de vue différents et de toute beauté. Pour ces excursions, il sera prudent, à cause des brouillards qui se forment parfois subitement, d'emmener avec soi un guide (prix : 5 fr.).

D'ISSOIRE A MASSIAC

PAR LE BREUIL, CHARBONNIER, MORIAT, LEMPDES, LANAU ET GRENIER-MONTGON.

Distance : **42** kil. **300** m. *Côtes* : **28** min.

Nota. — Excellente route, laissant un peu à désirer entre Le Breuil et Moriat. Le trajet de Lempdes à Massiac et, au-delà, jusqu'à Aurillac (*V.* pages 91 et 96), par la vallée de l'Alagnon, le tunnel du Lioran et la vallée de la Cère, est un des plus beaux qu'on puisse faire dans le Cantal.

D'Issoire au chemin de Saint-Germain-Lembron (**10.1** — Côte : 5'), *V.* page 31.

Prenant à dr. le ch. de Saint-Germain-Lembron, dès qu'on aura traversé le passage à niveau, on suivra à g. le ch. de Charbonnier. Celui-ci, parfois détérioré par le charroi de voitures de charbon, s'élève légèrement et passe entre deux coteaux plantés de vignes. Plus loin la rampe s'accentue (Côte : 23') parmi des vallonnements également couverts de vignobles; à dr., se détache (**1.7**) un premier ch. venant de Saint-Germain-Lembron (2.6) et, cent m. plus loin, à g., celui de Beaulieu (1.4). Au faîte de la côte vue étendue sur une haute plaine entourée de monts.

Dépassant (**2.1**) un autre ch., venant encore de Saint-Germain-Lembron (4.1), on descend vers Charbonnier, village minier dont on aperçoit de loin les cheminées d'usines; à la bifurcation, continuer à g. Contournant le village (**2**), par une descente rapide, on gagne la basse plaine; puis on rejoint (**1.9**), au-dessous de Moriat, la r. nationale d'Issoire à Lempdes; tourner à g. dans cette direction.

La r. parcourt en droite ligne la plaine; et, à son extrémité, franchit un petit pont; ensuite, bordée d'ormes et d'acacias, elle oblique à dr. pour traverser la rivière de l'*Alagnon*.

Dans Lempdes (**2.4** — Hôt. *Nicoux*) on passe entre l'église et la halle au blé. A l'extrémité de la rue, parvenu vis-à-vis le passage à niveau de la ligne du ch. de fer, laissant à g. la r. d'Arvant (3.8) et de Brioude (14.3), tourner à dr. On longe la voie ferrée quelques instants; puis on la traverse, à un second passage à niveau, pour entrer aussitôt dans la vallée de l'*Alagnon*.

La r., véritable avenue de parc, remonte insensiblement cette vallée qui, au début, n'a que la largeur nécessaire au passage de la r., de la rivière et de la voie ferrée. On longe un magnifique défilé, bordé de belles roches qu'encadre une luxuriante verdure d'acacias tandis qu'on croise, à chaque instant, la ligne du ch. de fer.

Ayant contourné le roc sur lequel s'élèvent les ruines imposantes du *château de Leotoing*, on passe devant un moulin (**7.1**), ainsi qu'au hameau de Lanau (**0.7** — Rest. *Farraire*), où se détache à dr. le ch. d'Ardres (11.5).

La vallée s'élargit et devient cultivée. A dr., le château restauré de Torsiac émerge d'un bouquet d'arbres; joli paysage. Plus loin encore, le hameau d'Aubeyrac (**3.3**) domine la rive g. de la rivière. Ayant franchi un ruisseau pavé (**2.7**) on remarquera à dr. de belles colonnes de basalte au sommet de grands escarpements; à g., se détache (**0.6**) le ch. de Brioude (17.7).

Après la gare de Blesle (**0.5**), où on laisse à dr. le ch. d'Anzat-le-Luguet (17) et d'Auriac (8.9), la vallée s'élargit davantage à la rencontre du vallon de Montgon, dont on traverse le ruisseau en vue de Grenier-Montgon (**3.2**); petite descente.

Sept cents m. au-delà vous passez (**0.7**) du département de la Haute-Loire dans celui du Cantal. La r., à présent transformée en une belle allée de peupliers, file toute droite entre des prés verdoyants et la ligne du ch. de fer. A g. se dresse (**1.3**) une grande falaise de basalte qui porte en bordure la petite *chapelle de la Madeleine*.

Quelques tours de roues et on atteint Massiac (**2** — Ch.-l. de c. — 2.069 hab.). S'arrêter à l'hôt. *Monier*, recommandé.

Nota. — C'est à Massiac où les cyclistes, voulant visiter les Cévennes, devront quitter la r. de Murat pour se diriger vers Saint-Flour (*V.* page 92). Après leur excursion dans les Cévennes, revenant à Saint-Flour, ils rejoindront à Murat la r. du Lioran (*V.* page 87).

Toutefois s'ils désiraient visiter la vallée complète de l'Alagnon, ils seraient obligés de revenir sur leurs pas, de Saint-Flour à Massiac, pour faire ensuite le trajet de Massiac à Murat et coucher au Lioran (*V.* page 91).

DE MASSIAC A SAINT-FLOUR

PAR LA BARAQUE, L'AUBINET ET LA FAGEOLE.

Distance : **31** kil. **300** m. *Côtes* : **4** h. **17** min.

Nota. — Cette route pour les cyclistes qui vont directement d'Issoire à Saint-Flour (V. pages 31 à 44), sans passer par Le Puy, est une des plus dures du Cantal. Elle monte presque constamment jusqu'à La Fageole (15 kil. de côtes). Le cycliste qui voudra se ménager, pourra se faire conduire, avec sa machine, en voiture particulière jusqu'à La Fageole (durée du trajet : 3 h. — prix : 10 fr. en s'adressant à M. *Monier* à Massiac), d'où il renverra la voiture. Sur ce parcours on ne rencontre qu'une très modeste auberge à l'Aubinet.

Quittant l'hôt. *Monier*, tourner à g. et monter la r. de Saint-Flour en laissant à g., en contre-bas, celle de La Chapelle-Laurent (12). Cent m. plus loin, après un pont, la r. bifurque vis-à-vis une paroi de rocher : à dr. se détache la r. de Murat (36 — *V.* page 94), continuer à gauche.

On remonte à flanc de montagne, pendant près de cinq kil. (1 h. 15'), la vallée de l'*Agnolou*, ayant une belle vue en arrière sur Massiac, encadré entre les deux promontoires rocheux de la Madeleine et de Saint-Victor; puis on atteint les hauts plateaux, fortement ondulés et sans ombrage, des *monts de la Margeride*. A dr., la vue s'étend sur un profond ravin aux pentes pelées.

La r. gravit par une grande courbe la rampe (Côte : 40') conduisant sur l'arête du petit col du *cul de la Belette*, ensuite domine de nouveau, à une grande élévation, les fonds boisés du vallon de l'Agnolou.

Plus loin, ayant dépassé (9) le hameau de Luzer, on traverse une plaine vallonnée, parsemée de quelques arbres, présentant une série continuelle de fortes ondulations où de courtes descentes alternent avec de pénibles montées (6', 2', 10', 4', 16', 15').

A dr., apparait (**1**) le village de Saint-Mary-la-Plaine, situé à un kil. de la r., et, cinq cents m. plus loin, on passe au hameau de La Baraque (**0.5**); puis la contrée, déserte, se couvre de landes jusqu'à la descente rapide de quatorze cents m. conduisant dans le vallon de l'*Arcueil*. A g. se détache (**5.4**) la r. de Brioude (32).

Après avoir franchi l'Arcueil la côte reprend, longue d'environ quatre kil. (1 h.). Au hameau de l'Aubinet (**1.1**) croise le ch. de Vieillespesse (0.8) à Rezentières (5.3); ensuite on atteint La Fageole (**2.3**), autre hameau près du point culminant de la r. (1.100 m. d'alt.).

Bientôt la descente ne tarde pas à se faire sentir et, pendant plus de huit kil., on dévalle vers Saint-Flour sur un sol malheureusement parsemé de cailloux roulants, très désagréables. A dr. on aperçoit (**5**) le village de Coren ; petites montées (1' et 3'). La r. s'élève légèrement, puis descend le long du ravin de Vendèze; belle vue sur la ville de Saint-Flour juchée au sommet de son rocher; on traverse le pont du ch. de fer.

Parvenu au faubourg du Pont, à l'octroi (**5**), suivre la r. à g.; ensuite prendre la deuxième r. à dr., la r. de Chaudesaigues, montant (25') à Saint-Flour (**2** — *V.* page 41).

DE MASSIAC AU LIORAN

PAR MOLOMPIZE, FERRIÈRES, NEUSSARGUES, MURAT ET LAVEISSIÈRE.

Distance : **47** kil. **800** m. *Côtes* : **1** h. **53** min.

Nota. — Excellente route montant insensiblement, à part trois kil. et demi de côtes, entre Molompize et Neussargues, et la côte de quatre kil. et demi qui précède le Lioran.

A la sortie de l'hôt. *Monier*, tourner à g. et monter (1') la rampe menant, vis-à-vis une paroi de rocher, à la bifurcation des r. de Saint-Flour et de Murat. Suivre cette dernière direction à dr. On traverse le pont du ch. de fer, puis le pont de l'*Alagnon*. A g., s'éloigne le ch. de Bonnac (6.5).

De l'autre côté de la rivière, la r. tourne à g., laissant à dr. (**0.5**) le ch. de la Croix-d'Auzolaret (5.5), ensuite s'élève très doucement.

La vallée, bordée de belles montagnes, présente de fraîches prairies, parsemées d'arbres fruitiers, tandis qu'au pied des monts s'étagent quelques vignobles.

Successivement on dépasse les hameaux de La Roche (**3.1**) et d'Aurouze (**1.4**), ce dernier dominé par les ruines pittoresques d'un vieux château, qui a néanmoins conservé une partie de sa façade ; puis, plus loin, le village de Molompize (**1.6** — Hôt. *Fabre*) et le hameau de Peyreneyre (**2.5**).

La vallée, plus ou moins étroite, marie gracieusement la verdure de ses bois et de ses prairies aux tons assombris des rochers. Cependant la r., tracée en corniche, s'élève peu à peu à travers une région plus sévère ; côte de quatorze cents m. (20'). En contre-bas on aperçoit, sur la rive droite, la chapelle de Volclair.

Après une descente de treize cents m., la vallée s'élargit de nouveau en arrivant à Ferrières (**6.2** — Hôt. *Mallet*), où se détache à g. le ch. de Lusclade (6). Les pentes des montagnes se couvrent de belles forêts dont les teintes adoucies contrastent avec l'éclat des prairies.

Près du hameau du Pont-du-Vernet (**6.9**), on franchit un large torrent et on contourne la base d'un escarpement recouvert d'une table de basalte, sur laquelle sont posées les ruines du *château de Merdogne*.

La r., abandonnant la vallée de l'Alagnon, traverse l'*Allanche* et remonte, pendant deux kil. (Côte : 30'), la rive dr. de cette rivière en longeant des bois de pins. Belle vue sur le château de Merdogne et le profil d'un immense rocher, taillé à pic, qui domine le paysage.

Obliquant à g. on laisse à dr. (**3**) le ch. d'Allanche (13) et de Marcenat (26.5); puis on touche le haut du bourg de Neussargues (**0.1**), au croisement du ch. de Chalinargues (5.4) à Saint-Flour (20.5), par la gare de Neussargues (1.5 — bon buffet avec chambres). A g., au milieu d'un massif d'arbres, le château de Neussargues dresse sa massive construction flanquée de tours.

On contourne à présent une sorte de cirque et, passant au-dessous d'une paroi de rocher avec grottes (**1**), on revient par une grande courbe vers la vallée de l'Alagnon. A dr., sur une colline, apparait (**2.3**) la tour ruinée de Fraissinet.

La r., aplanie, traverse une partie découverte mais plus étroite de la vallée, en dépassant à dr. (**0.9**) un ch., venant de Chalinargues (5). On domine les villages de Clavières et de la Chapelle-d'Alagnon, à g., tandis qu'à dr. on remarque un escarpement de basalte percé d'une grotte (**4**).

La vue s'étend sur un nouveau cirque de prairies verdoyantes d'où émerge le roc isolé sur lequel est posée la chapelle de Bredons, l'horizon étant limité par les monts du Cantal. Au détour suivant apparait la petite ville de Murat située à la base du *rocher de Bonnevie* que surmonte une statue colossale de la Vierge.

On entre en ville (**2.1**) par la rue de l'*Ermitage* qui débouche sur l'avenue *Notre-Dame*. Ici, descendre à g. cette avenue pendant quelques m.; puis prendre aussitôt à dr. l'avenue de la *Gare*, en bordure du ch. de fer, conduisant, vis-à-vis la station, devant l'hôt. des *Messageries* (**0.4**).

De Murat au Lioran(**11.8** — Côtes : 1 h. 2'), *V.* page 88.

DU LIORAN A AURILLAC

PAR SAINT-JACQUES-DES-BLATS, THIÉZAC, VIC-SUR-CÈRE, POLMINHAC ET LA MAISON-NEUVE

Distance : **38** kil. **600** m. *Côtes* : **37** min.

Nota. — Ce parcours, un des plus jolis de l'Auvergne, descend presque constamment, à part la petite côte de Thiézac et celle plus sérieuse de Polminhac, cette dernière longue de deux kil., mais encore en partie enlevable.

Au départ de l'hôt. des *Touristes*, montant à g. la r. d'Aurillac dans le vallon tout-à-fait rétréci, bientôt on atteindra (**0.6**) l'entrée du tunnel du Lioran, laissant à dr., près d'un ravin boisé d'où s'échappe l'Alagnon en jolie cascade, le sentier du puy Mary et du puy Griou, signalé par un poteau du Club alpin.

Le tunnel du Lioran (1.189 m. d'alt.), construit en 1839, est le plus grand souterrain sous lequel passe une route de voiture. Long de 1.410 m., large de 8 m., et haut de 7 m., il a été creusé sous le *col des Sagnes* et relie la vallée de l'Alagnon à la vallée de la Cère ; 40 réverbères éclairent jour et nuit le tunnel dont les extrémités sont garnies de deux doubles demi-portes vitrées, disposées pour empêcher les courants d'air trop violents. Le tunnel de la route est superposé à 30 m. au-dessus du tunnel du ch. de fer, qui suit la même direction.

Il sera prudent, à cause de certaines parties glissantes, de traverser le tunnel du Lioran à pied (18') plutôt que monté sur sa machine.

Bel écho à l'entrée et à la sortie du tunnel.

Au sortir du tunnel (**1.4**), la r. débouche dans le pittoresque ravin où la *Cère* prend naissance, puis descend en courbes gracieuses à travers la vallée élargie, parsemée d'opulentes prairies que bordent des bouquets d'arbres de toutes essences.

A g., se succèdent les nombreux travaux d'art, viaducs et tunnels, de la ligne du ch. de fer; sous le beau *viaduc de Naguin* (**1** — à hauteur de la *borne 35.6*) tombe la cascade du ruisseau de Naguin. Du même côté, dominant la vallée, s'élève le *Plomb du Cantal*, tandis qu'à dr. se dresse le cône caractéristique du puy *Griou*.

Après une petite chapelle (**1.8**), dédiée à Notre-Dame des Voyageurs, on rencontre le premier village : Saint-Jacques-des-Blats (**1.3**). Ensuite la r. s'ombrage gracieusement sous une arcade de verdure et côtoie, plus loin, entre les *bornes 30.3* et *28.6*, le *Pas de Compaing*, magnifique précipice que la Cère a creusé parmi les roches. Beau point de vue du chaos à hauteur de la *borne 29.3*.

Dépassant dans ces parages de grandioses rochers, on ne tarde pas à gagner Thiézac (**6**), gros village situé dans une position pittoresque.

On gravit une côte (9'), puis on longe, à une grande élévation, entre les *bornes 23.6* et *22.8*, la gorge du *Pas de la Cère*, malheureusement presqu'entièrement cachée par les arbres. Au-delà de ce site se retourner; belle vue en arrière. Devant soi, la vallée s'élargit et les montagnes s'abaissent; descente douce vers Vic-sur-Cère (**6.1** — Ch.-l. de c. — 1.701 hab.), où on s'arrêtera pour déjeuner au Grand hôtel *Vialette* (recommandé).

Dans Vic, se détache à g. la r. de Raulhac (17.1) et de Mur-de-Barrez (25.7). Sur cette r. se trouvent situés, de l'autre côté des fraîches prairies de la Cère, et à 1 kil. du bourg, *l'établissement thermal* (quelques cabines de bains et salle de douche), ainsi que la *fontaine minérale de Vic-sur-Cère*. Les eaux de Vic, excellentes pour la table, sont également renommées dans la guérison de la chlorose, de l'anémie, des dyspepsies et des gastralgies.

Après Vic, la descente cesse et la pente devient insensible; au-delà de Comblat-le-Château (**1.9**), la r., bordée de peupliers et d'ormes, longe de luxuriantes prairies, tandis que les collines se couvrent de bois.

Dépassé le hameau de Besse (**1.2**), une légère rampe précède le village de Polminhac (**2**), au pied du *château de Pestel*.

A partir de Polminhac commence une côte, longue de deux kil. (25'), pendant laquelle on s'élève à flanc de colline en ayant une vue magnifique sur la vallée. La r., délicieusement tracée en terrasse, descend ensuite vers Yolet (**5.3**), village en partie caché sous les arbres; on domine au loin (**0.8**) les blanches tours du *château de Caillac*, ainsi que les méandres de la Cère. Mais, s'écartant peu à peu de cette vallée, la r. oblique à dr. et pénètre, en serpentant, dans l'étroit vallon du hameau de La Maison-Neuve (**1.4**).

On redescend le long d'un ruisseau, dont la vallée va à son tour s'élargissant (Côte : 3'), pour déboucher dans celle de la *Jordanne*. La r., toujours à flanc de colline, dépasse une ferme avec tour et, plus loin, des fours à chaux. Elle contourne le *puy Corny*, puis descend vers Aurillac (Ch.-l. du dép. du Cantal — 15.824 hab.). Belle vue sur la ville et le viaduc du ch. de fer.

Au bas de la pente, suivre à g. l'avenue *Gambetta*, qui traverse la *Jordanne* et conduit dans la ville à la place du *Palais-de-Justice*, ornée d'un square.

Sur cette place continuer devant soi, à dr. du square, pour arriver à hauteur du n° 1, où se trouve l'hôt. recommandé du *Commerce* (**7.8** — Atelier de réparation pour les machines : chez M. *G. Delmas*, 32, rue du *Rieu*).

Visite de la ville d'Aurillac (environ 2 h.). — L'église des Cordeliers. — La promenade des cours Monthyon et d'Angoulême. — L'église Saint-Geraud. — Le château Saint-Etienne. — Les portails de la rue du Collège. — L'hôtel gothique des Consuls. — L'Hôtel de Ville. — L'hôtel de Noailles. — La chapelle d'Aurinques. — Le Palais de Justice.

Pour mémoire. — D'**Aurillac** à **Rodez**, par Arpajon (4), Prunet (12), Montsalvy (18 — Hôt. *Montarnal*), Entraygues (14 — Hôt. des *Voyageurs*), Golinhac (10), Villecomtal (12 — Hôt. *Jolbert*), Sébazac (19) et Rodez (8). — à **Cahors**, par Sansac (10), Cayrols

(15), Maurs (15 — Hôt. des *Voyageurs*), La Capelle-Banhac (8), Viazac (8), **Figeac** (8 — Hôt. des *Voyageurs*), Brux (7), Sainte-Eulalie (9), Saint-Sulpice (13), Marcillac (4), Sauliac (5), Cabrerets (10), Saint-Géry (13 — Hôt. de la *Gare*), Vers (5), La Madeleine (8) et Cahors (6 — Hôt. de l'*Europe*). — à **Tulle**, par Saint-Paul-des-Landes (12), Peyrelevade (7), Montvert (8), Sexcles (16), Argentat (10 — Hôt. du *Commerce*), Saint-Chamant (5), Forgès (4 — Hôt. *Delmas*), Laguenne (16 — Hôt. *Bourguet*) et Tulle (5 — Hôt. *Notre-Dame*). — à **Mende**, par Arpajon (4), Vézac (6), Carlat (7), Raulhac (15 — Hôt. des *Voyageurs*), Mur-de-Barrez (9), Sainte-Geneviève (20 — Hôt. *Pelissier*), Cassuéjouls (13), Laguiolle (10 — Hôt. *Régis*), Aubrac (19 — Hôt. *Auguy*), Nasbinals (8 — Hôt. *Bat-tifol*), Saint-Laurent-de-Muret (17), **Marvejols** (10 — Hôt. *Bar-dol*), le pont des Ajustons (9), Chanac (12), Barjac (7), Juliers (7) et Mende (7).

D'AURILLAC A SAINT-MARTIN-VALMEROUX

PAR NAUCELLES, JUSSAC, TOURNEMIRE ET SAINT-CERNIN.

Distance : **41** kil. **900** m. *Côtes* : **4** h. **2** min.

Nota. — D'Aurillac à Riom (V. page 119), notre itinéraire de retour contourne la partie occidentale du massif formé par les montagnes du Cantal, des Dore et du Puy-de-Dôme, et fait voir une des plus jolies régions de l'Auvergne. Cet itinéraire, coupant de nombreuses vallées, est très accidenté et présente de longues côtes alternant avec des descentes rapides. Le cycliste devra donc se contenter de parcourir des étapes modestes

Au départ de l'hôt. du *Commerce*, faire le tour du square à dr. et passer devant la façade du *Palais de Justice*; on continuera, devant soi, par l'avenue de la *République*. A l'extrémité de cette avenue, laissant à g. (**1**) la rue descendant à la gare, on montera à dr. (6') la r. de Naucelles. Celle-ci s'élève sur la colline qui domine la gare d'Aurillac ; puis, tournant à dr., descend et laisse à g. (**1.9**) le ch. de Pers (21.5). Neuf cents m. plus loin on atteint (Côte : 3') le carrefour des Quatre-Chemins (**0.9**), situé à l'embranchement des r. de Montvert (21) et de Mauriac.

La r. de Mauriac, à dr., bordée d'arbres et de haies, traverse au début une jolie région vallonnée, couverte de pâturages et de champs. Elle monte ensuite (Côte : 10') vers Naucelles (**2.5**), puis descend pour traverser un ruisseau affluent de la *Dautre*.

Une nouvelle côte (4') se présente; et, après la descente qui lui succède, on côtoie un moment la Dautre en laissant à g. (**3.0**) le ch. de Laroquebrou (22); gracieux paysage.

Quatre cents m. plus loin, à Jussac (Hôt. *Chandon*), se détache à dr. (**0.4**) le ch. de Laroquevieille (7.5); on franchit (**0.7**) la rivière; un raidillon (1').

La r., ayant traversé à plat le débouché de la verdoyante vallée de la Dautre, entreprend ensuite une longue côte de six kil. (1 h. 25').

Au hameau de Cantrunes (**2.5** — débit de tabac), laissant à g. l'ancienne r. de Saint-Cernin, on franchit le ruisseau de *Girgols*, dont on remonte à dr. le vallon pendant cinq kil. en rampe plus ou moins douce (30'); belle vue sur les montagnes du Cantal.

Près du sommet de la côte, on aperçoit à dr. le hameau du Fonbulin; puis, au col, on laisse à dr. le ch. de Girgols (2.5), et on arrive, cinquante m. plus loin (**4.5**), à l'embranchement du ch. de la Tournemire.

Ici, le cycliste peut descendre directement à Saint-Cernin (4); mais, s'il est amateur de beaux paysages, nous l'engagerons à faire le détour par Tournemire, allongeant de quatre kil. et demi.

Le ch. de Tournemire, à dr., descend en lacets capricieux à travers une forêt de hêtres vers la vallée de la *Doire*, et offre une magnifique échappée de vue sur les montagnes et le village de Tournemire. Celui-ci s'étend à côté du massif donjon d'*Anjony*, flanqué de quatre tourelles, propriété de M. de Leotoing.

Au bas de la descente (**3.4**), on ne traversera pas la Doire; mais, tournant à g., on en descendra la ravissante vallée en prenant la direction de Saint-Cernin. Successivement on dépasse les coquets hameaux de Faussanges, du Cros, de Laubac et de Saint-Martin-de-Valois; et, par une côte assez longue (25'), on rejoint (**4.7**) la r. de Mauriac, à l'entrée de Saint-Cernin (**0.3** — Ch.-l. de c. — 2.145 hab. — Hôt. *Chemy*).

Dans ce village, laissant à g. (**0.1**) le ch. de Saint-Illide (10) et d'Albart (10.9), on descendra à dr. pendant deux kil. les lacets rapides qui mènent au pont sur la Doire (**2.2**); région très vallonnée.

De l'autre côté du pont une rampe douce, suivie

d'une côte de dix-huit cents m. (25'), tracée en courbe, conduit sur l'arête qui sépare la vallée de la Doire de celle de la *Bertrande*. Agréable descente pour traverser cette dernière rivière au pont de Saint-Chamand (**4.8**).

La rivière franchie, une nouvelle côte de trois kil. se présente (45'); à dr., le hameau de Loubejac (**1.3**) s'abrite au pied d'une belle muraille de basalte. Au faîte de la côte on atteint un petit plateau, séparant la vallée de la Bertrande de celle de la *Maronne;* sur ce plateau, deux courtes montées (4' et 2') entre des champs et des landes. Ensuite, une magnifique descente de trois kil. conduit au bourg de Saint-Martin-Valmeroux dans la vallée de la Maronne, une des plus belles de l'Auvergne.

A Saint-Martin-Valmeroux, la rue, bordée d'anciennes maisons à tourelles, monte (2') et, obliquant à g., passe devant les halles et l'église, celle-ci ornée d'un portail remarquable. Quelques m. plus loin s'arrêter à l'hôt. *Robert* (**7.1**).

DE SAINT-MARTIN-VALMEROUX A MAURIAC

PAR SALERS, SAINT-BONNET-DE-SALERS, CHASTERNAC ET LA CASCADE DE SALINS.

Distance : **33** kil. **100** m. *Côtes* : **2** h. **9** min.

A la sortie de l'hôt. *Robert*, la r., à g., descend un moment, puis, quittant le bourg, s'élève en corniche sur le flanc de la montagne; longue côte de trois kil. (45'). A g., un rocher formant terrasse (**1**) porte la statue de la Vierge; de ce point on jouit d'une vue étendue sur la vallée de Saint-Martin-Valmeroux et les montagnes du massif central de l'Auvergne.

La r. incline à dr. et pénètre dans un taillis de hêtres, long de cinq cents m., pour gagner un haut plateau séparant le bassin de la Maronne de celui de l'*Auze*. Sur ce plateau, parvenu au croisement (**3.1**) du ch. de Salers à Ally (10), on quittera la r. directe de Mauriac (16.5) pour prendre à dr. le ch. de Salers.

Ce ch. monte, d'abord légèrement à travers la plaine, puis descend, tout en présentant quatre raidillons; à l'horizon, une belle ligne de montagnes limite la vue. Quittant la plaine on domine un instant les verts pâturages et les fonds boisés de la vallée de la Maronne; ensuite le ch., s'écartant de la vallée, s'élève (2') entre des peupliers, puis, étant descendu parmi des pâturages et une petite lande, il remonte encore assez longuement (25') sur la pente de la montagne. On descend ensuite pendant cinq cents m. en apercevant, devant soi, la curieuse petite ville de Salers (Ch.-l. de c. — 1.015 hab.) aux vieilles maisons flanquées de tourelles, la plupart datant du moyen âge.

Au bas de la descente, à la *borne 0.2*, quitter la r., qui décrit une courbe à g., et gravir (2') vis-à-vis un ch. escarpé, entre deux murs, tracé au-dessous d'une maison blanche avec tourelle.

Etant passé sous une ancienne porte de la ville, continuer à g. par la rue qui s'ouvre à côté de la maison portant le n° 171, on arrivera ainsi, quelques pas plus loin, à l'hôt. *Serre* (**6.5**) où on doit déjeuner.

Visite de la ville de Salers (environ 1 h.). — La place Tyssandier d'Escous. — L'église paroissiale. — Point de vue de la terrasse de l'église. — La tour de l'Horloge. — Terrasse intérieure de la mairie. — La maison de Bargues (beau balcon sculpté). — La maison des Templiers (magnifiques cheminées et couloir). — La promenade de Barrouze (vue splendide sur les vallées de la Maronne et de Malrieu au pied du puy Violent).

Sortant de l'hôt. *Serre*, on tourne à g., (à pied : 3') pour déboucher sur la place *Tyssandier d'Escous*, ornée du buste du promoteur de la race bovine de Salers. Ici, descendre à g. la rue qui s'ouvre entre une belle maison à tourelles et le café *Maury;* on franchit la voûte de la *tour de l'Horloge* pour aboutir à la place de l'église. Sur cette place, suivant à g. la rue qui passe devant le café du *Commerce* et l'hôt. du *Lion-d'Or*, bientôt vous arriverez à une rue transversale (**0.3**) devant laquelle commence le ch. de Saint-Bonnet-de-Salers, a l'angle d'un mur construit au-dessus d'un soubassement de rocher.

Ce ch., descendant, traverse en remblai une prairie, puis continue monotone entre des prés dépourvus de tout ombrage; à g. se dresse, à l'horizon, le cône du *puy Violent.*

Quand on aura gravi une montée, assez douce, on devra abandonner (**2.2**) le ch. de Mauriac (17.5), par les Anglards (9), et prendre à g. la direction de Saint-Bonnet-de-Salers. Faire attention à cet embranchement, car il n'y a pas de poteau indicateur.

Le ch. monte encore pendant un kil. sur un plateau dénudé offrant une vue des plus étendues dans la direction de la Corrèze, ensuite il descend presque sans discontinuer.

A Saint-Bonnet-de-Salers on traverse une vaste place gazonnée et, près de l'église (**2.3**), le ch., assez raboteux, inclinant à g., continue à descendre vers la plaine dont les prairies s'encadrent de bordures d'arbres. Successivement on dépasse les hameaux de Chasternac (**1**) et de Champs (**3.2**), séparés par deux petites montées (2' et 3'); et, dominant à g. le vallon d'un affluent de l'Auze, bientôt on rejoint (**1**) la r. d'Aurillac à Mauriac.

Ici ne pas se tromper, mais suivre à dr. la r. qui monte en remblai (7' — le ch. en contre-bas conduirait à Drugeac, village où il est inutile de passer) à travers un bois de hêtres. Parvenu à une tranchée on descend rapidement dans un vallon très pittoresque.

Nouvelle côte d'un kil. (10') suivie d'une autre descente vers le pont du ruisseau de *Fagcolles;* à dr., magnifique viaduc de 10 arches et à g. petit bassin de retenue du *Moulin Henry*. Après une montée de deux cents m. (2') la r. redescend vers le pont de la rivière d'*Auze*, situé en contre-bas d'un second viaduc de 14 arches, dominant à g. la profonde coupure de rochers d'où s'échappe la belle *cascade de Salins* (**4.9**).

La cascade de Salins est produite par la chute de l'*Auze* dont les eaux tombent à pic dans un entonnoir de basalte. On voit très bien la cascade de la r., un peu plus loin, à hauteur de la *borne 51*. Cependant on pourra, après le pont, descendre à g. sur la plateforme gazonnée, là où apparaissent quelques vestiges de fondation, et, faisant quelques pas vers la dr., on dominera le gouffre.

A la côte suivante (6'), s'arrêter à hauteur de la *borne 51* pour contempler le ravissant tableau d'ensemble formé par la cascade de Salins, la chute moins considérable du ruisseau de Fageolles, les deux grands viaducs en hémicycle du ch. de fer et la perspective lointaine du puy Violent dont le cône apparait dans une échancrure de la colline.

La r. passe (**0.8**) au pied d'un immense mur de soutènement de la voie ferrée, à dr., et au-dessus du hameau de Sarrut, à g.; puis descend au pont des *Agats*, situé en contre-bas d'un troisième viaduc de 9 arches.

Vient ensuite une côte, longue de quinze cents m. (20' — belle vue en arrière sur les montagnes du Cantal), suivie d'une descente vers le hameau de Surgères. Enfin une rampe douce de deux kil. conduit sur un plateau où l'on serpente jusqu'à la rencontre (**5.5**) de l'ancienne r. d'Aurillac.

On gravit un raidillon (1') précédant une descente, en ligne droite, menant à l'entrée de Mauriac (Ch.-l. d'arr. — 3.631 hab.). Au sommet de la petite montée (1') tourner à dr. dans la rue pour gagner l'hôt. recommandé de l'*Ecu-de-France* (**1.3** — *Grand Café*).

Visite de la ville de Mauriac (environ 30 min.). — L'église Notre-Dame. — La promenade de la Placette. — Anciennes maisons à tourelles.

DE MAURIAC A BORT

PAR VENDES, LARONAC, L'HOPITAL ET SAINT-THOMAS

Distance : **31** kil. **400** m. *Côtes* : **1** h. **24** min.

Nota. — Très beau parcours, magnifique descente de Vendes, longue de onze kil. Accidenté entre Vendes et Bort. Partir de Mauriac assez tôt pour pouvoir faire l'ascension des Orgues de Bort avant le dîner.

Quittant l'hôt. de l'*Ecu-de-France*, la r., à dr., monte légèrement et dépasse (**0.7**) l'avenue de la gare. Après le passage à niveau du ch. de fer, elle descend doucement et traverse un pont au-dessus d'une prairie. De l'autre côté du pont (**0.9**), laissant à dr. le ch. de Pons (7.2) et de Moussage (14.4), on gravit une petite côte (4'); puis la r., toujours excellente, bordée d'arbres, s'élève en rampe douce pendant deux kil. jusqu'au ch. d'Arches (8) qui se détache à gauche.

Un peu plus loin, à la *borne 62* (**2.1**), commence une merveilleuse descente, longue de onze kil., une des plus belles de l'Auvergne. Depuis le hameau de la Boissières (**1**) on jouit d'une vue splendide sur la vallée du *Mars*, les Orgues de Bort et de l'Artense et le massif du Mont-Dore; on domine les nombreux travaux d'art de la *ligne de Bort à Mauriac* dont la voie, pour descendre du plateau, décrit un immense circuit vers le fond de la vallée.

Ayant traversé un passage à niveau, la r. passe (**4.5**) dans une gigantesque coupure de rochers et débouche devant un panorama splendide de montagnes verdoyantes et de pics isolés que séparent de profonds vallonnements. On descend en lacets au milieu de taillis et de bouquets de chênes; puis, par de grandes courbes, on arrive au niveau de la vallée du Mars, rivière qui va se jeter dans la *Sumène*. On franchit celle-ci au village de Vendes (**5.3** — Hôt. des *Voyageurs*), dans le voisinage d'un magnifique viaduc, au milieu d'un paysage ravissant.

De l'autre côté de la Sumène, il faut remonter pendant deux kil. (30') un étroit vallon, très boisé, conduisant sur le petit plateau du hameau de Parensot (**2.1**) où se détache à g. le ch. de Champagnac (6.6).

La r. descend à présent en zigzags rapides le ravin, creusé au pied de la butte qui porte les ruines du *château de Charlus*, et rejoint la vallée de la Sumène près d'une auberge et d'une tuilerie (**1.7**) dépendantes de Bassignac; petite côte (7').

Ayant traversé un nouveau passage à niveau, on côtoie la base de deux hautes montagnes couvertes de forêts et, par une descente douce, on gagne la gare de Largnac (**1.2**).

La r., s'écartant de la vallée de la Sumène et laissant à dr. (**0.5**) le ch. d'Ydes (1 — Sources thermales; eaux purgatives), incline à g. et remonte (6') un vallon latéral. On passe à l'Hôpital (**2**), village voisin de mines de charbon et, par deux côtes (9' et 5'), qu'une descente sépare, on atteint un petit col d'où on a un beau point de vue sur les montagnes. Après avoir franchi la ligne du ch. de fer, la r. s'élève de nouveau (10') sous l'arcade de verdure des chênes et des ormes, tandis qu'à dr. on aperçoit le massif encore éloigné des monts Dore.

A g., se détache (**2.6**) le ch. de Champagnac (6.7) et, quelques m. plus loin, à dr., celui de Saignes (3). Ici faire attention: ne pas se laisser entraîner dans la direction de Saignes mais continuer à gravir (8') à g. la r. de Bort. On gagne ainsi un second petit col d'où on descend vers l'hôt. des *Bains de la Baraquette* (**1.2** — Sources d'eau minérale purgative). Après trois raidillons (4') commence la descente rapide d'un ravin boisé, entouré de roches, en passant (**1.5**) du département du

Cantal dans celui de la Corrèze. Huit cents m. plus bas on laisse à g. (**0.8**) le ch. de Madic.

Le ch. de Madic, très ombragé, mène au village de ce nom (2.5). On y visite les restes imposants du **château de Madic**, une des plus belles ruines du département.

La r. descend vers la vallée de la *Rue*, dont on traverse la rivière au pont de Saint-Thomas (**0.4**), en laissant à dr. le ch. de Cantal (0.8); passage très pittoresque.

De l'autre côté du pont, on monte (1') dans le hameau de Saint-Thomas (où se détache à dr. un ch. de piéton qui conduit à la cascade du *Saut de la Saule*, à 2 kil. de Saint-Thomas); puis la r., plate, longe la vallée de la *Dordogne*, bordée sur la rive dr. par les grandes falaises des *Orgues de Bort*, immenses colonnes de phonolithe se dressant au-dessus de la montagne, sur une longueur de 1.500 m., avec une hauteur moyenne de 95 mètres.

On entre dans Bort (Ch.-l. de c. — 3.858 hab.) par l'avenue *Gambetta* aboutissant sur la place du *Faubourg* (**2.4**). Ici quitter la r. de Tauves et tourner à g. pour traverser le pont sur la Dordogne. De l'autre côté du pont, sur la place *Marmontel*, prendre de suite à g. la rue, ou boulevard *Voltaire*, conduisant devant l'entrée de l'hôt. recommandé des *Messageries* où vous devez passer la nuit (**0.2** — Café de l'*Union*).

Visite de la ville de Bort. — La promenade du quai. — L'église paroissiale. — L'ancien château.

Excursions recommandées au départ de Bort. — Si la petite ville industrielle de Bort offre peu de monuments, par contre elle peut être choisie comme un excellent centre d'excursions. En dehors de celles que nous avons indiquées, sur l'itinéraire, aux *ruines du Madic* et au *Saut de la Saule* (*V.* ci-dessus), nous signalerons comme la plus intéressante la promenade des *Orgues de Bort* (à pied : 2 h. 45', aller et retour).

Itinéraire : Monter la rue de *Paris* et, après avoir dépassé la place de l'Hôtel-de-Ville, prendre à g. le ch. de Chantery qui s'élève, bien ombragé et à flanc de montagne, au-dessous de la colonnade basaltique des *Orgues de Bort*: très belle vue sur la vallée de la Dordogne.

A la première maison du hameau d'Entremenière (45'), quitter le ch. de Chantery et gravir à dr. un sentier pierreux. Au premier carrefour (7'), on pourra suivre pendant six cents m. environ (8') le sentier devant soi, à g. d'une barrière. Ce trajet permettra d'examiner la base des orgues. Lorsqu'on aura dépassé de cent m. une petite plateforme gazonnée, parsemée de rochers, on rebroussera chemin. Revenu au carrefour (8'), monter le sentier à dr. de celui par lequel on est venu.

On se rapproche de l'angle de la montagne, tandis qu'on découvre à g. le lac, le village et les ruines de Madic, sur la rive g. de la Dordogne. Après avoir traversé un petit taillis, le sentier, bordé d'un joli chaos de roches moussues, atteint (8') les deux premières maisons du hameau de Colombeyre. Continuant, toujours à dr., on contourne le promontoir avancé des orgues; puis, dépassant trois autres maisons, à g., on arrive vis-à-vis une croix en bois. Ici, monter le sentier à dr. qui conduit directement sur un plateau cultivé, situé au-dessus des orgues (20'); vue merveilleuse sur la vallée de la Dordogne et les trois massifs des monts du Cantal, des Dore et des Dômes.

Pour revenir à Bort, on suivra, en faisant attention de ne pas trop s'approcher du précipice, le sentier qui longe le sommet des orgues; les points de vue, se modifiant, sont de toute beauté. On traverse un bois de sapin (20'), avec échappées ravissantes sur la ville de Bort, à une grande profondeur, puis un bois de hêtres. Dans celui-ci, le sentier s'écarte du précipice et dévale rapidement jusqu'à une prairie fortement inclinée.

Ici, se diriger vers une grange qu'on aperçoit entre les arbres, un peu à g., sur la hauteur et la lisière du bois.

A la grange (20'), on retrouve un sentier descendant à un bon ch. dont les lacets, très rapides, ramènent à Bort (30') par la place du *Champ-de-Foire*.

DE BORT A TAUVES

PAR LA PRADELLE, LES QUATRE-VENTS ET PONT-VIEUX.

Distance : **26** kil. *Côtes* · **2** h. **47** min.

Note. — Route dure. Nombreuses côtes de deux et trois kil. Quoique court, il vaudra mieux ne pas allonger cet itinéraire, l'étape suivante étant également pénible au début.

Au départ de l'hôt. des *Messageries*, tourner à dr., traverser le pont sur la *Dordogne;* puis, à la place du Faubourg (**0.2**), prendre à g. la r. de Tauves.

Celle-ci longe un moment la rive g. de la Dordogne, passe devant la station et traverse le ch. de fer; on rentre (**1.2**) dans le département du Cantal. Aussitôt commence une côte très dure en lacets, longue de trois kil. (50'). Perdant de vue la vallée de la Dordogne, on s'élève vers un grand plateau, légèrement ondulé, où les champs cultivés alternent avec de petites landes; à l'horizon, se dresse le massif des monts Dore.

Successivement on dépasse les hameaux du Grand-Veillas (**2.7**), puis celui du Péage (**2.4**), où croise le ch. de Lanobre (0.5) à Vals (2 — Château remarquable). Descente de six cents m. dans un vallon, suivie d'une montée (8'). On domine à g. le ravin de la *Tialle*, rivière traversée au pont de Poste (**2.4**).

De l'autre côté du pont, la r. s'élève longuement (25') à travers une région vallonnée et boisée. Elle rencontre le hameau de la Pradelle (**0.3**), laisse à dr. (**0.2**) le ch. de Cros (4.1) et de Latour-d'Auvergne (10), et pénètre (**0.5**) dans le département du Puy-de-Dôme.

On monte à présent (8') au milieu de fougères et de landes parmi lesquelles s'élèvent quelques rares arbres.

Après le hameau de Leyval(**1.3**) et deux côtes (6' et 3'), on atteint (**2.2**) le bord d'un plateau creusé en forme de cuvette; au lointain, belle vue des monts Dore.

La r., inclinant à g., descend pendant un kil., franchit un ruisseau, ensuite s'élève (Côtes : 10' et 7'), entre des pâturages, jusqu'au hameau de Corneilhat (**2.5**).

On parcourt alors en ligne droite une lande monotone, parsemée de petits blocs de granit, connue sous le nom bizarre de *Cimetière-Enragé*. Ce lieu fut jadis, paraît-il, le théâtre d'une bataille meurtrière entre les Arvernes et les Romains. Après trois montées (2', 2' et 4') vous atteignez le hameau des Quatre-Vents(**2.8**), situé au croisement du ch. de Latour-d'Auvergne (8.5) au Port-Dieu (10).

A partir des Quatre-Vents commence une descente rapide et en lacets, ombragée sous des hêtres, conduisant dans la profonde vallée de la *Burande*. On franchit cette rivière au Pont-Vieux (**2.4**), dans un pittoresque bassin de prairies qui contraste avec l'aspect sauvage de la vallée, en aval. Après un raidillon (1') et la traversée presque immédiate d'un ruisseau, affluent de la Burande, il faut gravir une côte, des plus dures au début, longue de deux kil. (33'). Elle décrit trois grandes courbes, en remontant un ravin aride; un seul orme, magnifique, se fait remarquer en bordure de la r.; à l'horizon, à dr., le massif des monts Dore s'éloigne peu à peu de la vue.

Parvenu au faîte de la côte, on descend presqu'aussitôt dans le charmant vallon de la *Mortagne*, en laissant à g. (**3.2**) le ch. de la Guinguette (7.4). Dépassant une belle roche, taillée à pic, au milieu de pâturages très inclinés, vous traversez le ruisseau; puis vous vous élevez, par une montée de sept cents m. (8'), jusqu'à Tauves (**1.6** — Ch.-l. de c. — 2.482 hab.).

Le cycliste qui désirera s'arrêter à Tauves, soit pour déjeuner, soit pour coucher, devra prendre à dr., quelques m. après avoir dépassé la *borne 16*, le ch. de Latour-d'Auvergne (8.5). Il conduit sur la place de la *Mairie* où se trouve l'hôt. de *France* (**0.1** — modeste, mais propre et bon).

DE TAUVES A PONTGIBAUD

PAR SAINT-SAUVES, LAQUEUILLE, ROCHEFORT-MONTAGNE, MASSAGES ET LE PONT DE LA MIOUSE.

Distance : **43** kil. **300** m. *Côtes* : **2** h. **9** min.

Nota. — Route très accidentée entre Tauves et Laqueuille; légèrement accidentée de Laqueuille à Rochefort-Montagne; ensuite délicieuse, constamment descendante, jusqu'à Pontgibaud.

De l'hôt. de *France*, revenir à la r. de Saint-Sauves (**0.1**) et la monter à dr. Un peu plus haut, se détache à g. (**0.3**) le ch. de Bourg-Lastic (23.8) et d'Aveze (7.5).

La r. s'élève au milieu de grands pâturages par une côte, longue de dix-huit cents m. (30'), et gagne un vaste plateau d'où on découvre une vue des plus étendues : à dr., sur la chaîne des monts Dore depuis la *Banne d'Ordenche*, en reconnaissant les sommets du *Sancy* et du *Capucin*, jusqu'à l'extrémité de la chaîne du Cantal qui se prolonge vers le sud ; à g. sur toute la Corrèze.

On traverse une dépression des pâturages, formée par le ruisseau du *Beautourne* (Descente et côte : 7'), pour regagner ensuite la seconde partie du plateau d'où la vue sur la chaîne des Dores devient plus distincte.

Magnifique descente de quatre kil. dans la profonde et belle vallée de la haute *Dordogne* ; à dr. se détache (**4.7**) le ch. de Latour-d'Auvergne (8.3) et de Besse (37.5). Passage au hameau de Méjanesse (**0.3**); plus bas, on franchit la Dordogne au hameau du Pont (**3.1**).

Avant le pont, un sentier à dr. conduit (à pied : 2') à l'*île des Mouches*, ou des *Belles Fleurs*, charmante pelouse, ombragée entre deux petits bras de la rivière, où les baigneurs du Mont-Dore et de la Bourboule viennent souvent en promenade. On peut se faire servir à déjeuner soit dans l'île, soit dans la maison du propriétaire de l'île, à g., sur la r. de Saint-Sauves.

De l'autre côté du pont, commence une côte de deux kil. deux cents m. (35'), sur laquelle se détache à dr. (**0.4**), au premier tournant, le ch. de la Bourboule (4.9) et du Mont Dore (11.3). Continuant à g., trois cents m. plus haut (**0.3**), on devra abandonner la r. de Meisseix (14.3), qui passe par Saint-Sauves (0.3 — Hôt. *Boucher*), et tourner à dr. pour regagner les hauts pâturages. A dr., la *Banne d'Ordenche*, très rapprochée, dresse son cône tronqué aux pentes arides, mais ne tarde pas à disparaître.

On croise (**1.9**) la *ligne de Laqueuille au Mont-Dore*; puis la r., bordée de haies, s'élève (Côtes : 4' et 2') entre des prés morcelés, séparés entre eux par des bordures d'arbres.

Dépassant (**0.7**) un autre ch., venant du Mont-Dore (12), on monte encore en rampe douce pendant six cents m. (7'); ensuite une descente agréable conduit au croisement (**2.6**) du ch. de Bourg-Lastic (15) et de la gare de Laqueuille (2), à gauche.

Continuant à dr., il faut gravir une côte de seize cents m. (25') tracée à flanc de pâturages. Dans Laqueuille (**1.2**), on remarque à dr. une rangée de petites orgues de basalte, tandis qu'à g. la vue s'étend sur les fraîches prairies du vallon de la *Miouse*.

A la sortie du bourg la côte cesse et, à l'horizon, apparaît la chaîne des monts *Dômes* où se distingue, par sa hauteur et sa belle forme, le *Puy-de-Dôme*.

On roule à présent sur une plaine fortement ondulée (Côtes : 3', 3' et 2') en contournant les contreforts dénudés de la Banne d'Ordenche; puis dépassant une petite tranchée, une descente rapide, en lacets, conduit au fond d'un ravin d'où il faut remonter (8') pour atteindre l'étroite arête qui sépare de la descente, non moins rapide, menant dans une gorge pittoresque.

Au bas de cette descente, dans Rochefort-Montagne (**9.1** — Ch.-l. de c. — 1.448 hab. — Hôt. de la *Couronne*), la r. tourne à g. et remonte (3') deux cents m. jusqu'à l'embranchement (**0.2**) de la r. de Clermont-Ferrand (**29.5**) par Pont-des-Eaux (8), le col de la Moreno et La Baraque (22.3).

Ici, abandonnant la direction de Pont-des-Eaux, suivre à g. la r. de Massages. Celle-ci, plate pendant un kil. environ, dépasse l'*hospice Sainte-Elisabeth* et domine le verdoyant vallon de Rochefort, puis ne cesse plus de descendre délicieusement jusqu'à Pontgibaud; très belle vue de la chaîne des Dômes.

Après le village de Massages (**4.6**) on abandonnera, encore (**1.5**) à dr., une autre r. de Clermont-Ferrand (27.2), par Les Quatre-Routes (7.5) et La Baraque (20), pour suivre à g. le ch. du pont de la Miouse.

Ce ch., qui descend le vallon du *Sioulot*, passe au hameau de Prades (**1**) et aboutit au pont de la Miouse (**2.6**) situé au confluent des rivières de la *Miouse* et de la *Sioule*.

De l'autre côté du pont, on descend agréablement à dr. la rive gauche de la jolie vallée, tout en longeant la ligne du ch. de fer et en laissant à dr. (**0.4**) le ch. de Mazayes (4) et des Boules (14).

Plus bas la vallée s'élargit; on passe au hameau de la Bantusse (**2.7**) et dans le voisinage d'anciennes mines de plomb argentifère aujourd'hui abandonnées.

A l'entrée de Pontgibaud (**5.5** — Ch.-l. de c. — 1.067 hab.) traversant à dr. le pont sur la Sioule, presqu'aussitôt on arrive devant l'hôt. du *Commerce* (**0.1**).

Visite de la ville de Pontgibaud (environ 1 h.). — L'église paroissiale. — L'ancienne porte de ville. — Le château féodal de Pontgibaud.

DE PONTGIBAUD A RIOM

PAR SAINT-OURS, VOLVIC, TOURNOËL, VOLVIC ENVAL ET CHATELGUYON.

Distance : **33** kil. **900** m. *Pavé* : **8** min.
Côtes : **2** h. **20** min.

Nota. — Route montant, depuis Pontgibaud, pendant sept kil. pour traverser la chaîne des monts Dômes; ensuite descendant jusqu'à Volvic. De Volvic à Tournoël, trajet à faire à pied, ainsi qu'une partie du parcours entre Enval et Châtelguyon. De Châtelguyon à Riom, excellent.

Au départ de l'hôt. du *Commerce*, suivre la rue à g. en dépassant la Halle et, un peu plus loin, la place de Champ-de-Foire, à dr. La r., inclinant alors à g., gravit une longue côte de deux kil. (30') et rejoint le niveau de la ligne du ch. de fer; cependant elle ne tarde pas à s'en écarter en laissant à dr. (**1.7**) la r. de Clermont-Ferrand (21.5), par le col des Goules et La Baraque (14.3).

On décrit une grande courbe à g. et, après une descente de trois cents m. suivie d'une côte d'un kil. (12'), on atteint un plateau cultivé d'où la vue est très belle sur les monts Dômes et les monts Dore.

Une montée (3') précède le village de Saint-Ours (**2.8**). Au-delà, continuant à s'élever (Côte : 20'), on franchit le passage à niveau de la *ligne de Clermont-Ferrand* dans le voisinage du hameau de Vauriat (**2.3**).

La r., dont la rampe s'adoucit, se dirige en ligne droite vers la chaîne des Dômes. Elle la traverse sur une largueur de cinq kil. et demi, entre les puys de *Tressoux* et de la *Mugère*, à g., et les puys de *Louchadière* et de *Jumes*, à dr. Sur ce parcours, la r., entourée de taillis de hêtres et de feuillards, présente deux côtes (10' et 6'); puis, sortant des bois, descend rapidement vers la plaine de la *Limagne* qui apparait dans le lointain.

On passe entre les anciennes coulées de lave, aujourd'hui exploitées, d'où est extraite la pierre dite de *Volvic* et, plus bas, devant l'hôt. du *Cratère* (**6.9**) où se détache à dr. la r. de Clermont-Ferrand (15).

Après avoir traversé de nouveau la ligne du ch. de fer (**0.2**) et franchi encore deux fois une petite ligne, à voie étroite, allant de la station de Volvic à Riom, on continue à descendre dans un vallon creusé de nombreuses carrières; à g. se détache (**1.6**) le ch. de Charbonnières-les-Varennes (7.2).

Plus loin, on dépasse de nouvelles exploitations, ainsi que plusieurs ateliers de taille de pierre, avant d'entrer dans Volvic (3.635 hab.) ville, peu engageante, située au pied du puy de la *Bannière*, et uniquement habitée par des ouvriers carriers.

Parvenu à la place de l'église (très beau monument roman), s'arrêter pour déjeuner à l'hôt. du *Commerce* (**2.3**).

Continuer ensuite, dans Volvic, la r. de Riom jusqu'à hauteur de la *Gendarmerie* (**0.4**) vis-à-vis le ch. conduisant aux ruines du *château de Tournoël*.

Le cycliste, qui voudra visiter les ruines très intéressantes du **château de Tournoël**, pourra laisser sa machine en garde à la Gendarmerie (ou l'emmener avec soi, car on peut l'utiliser mais avec prudence à la descente) et monter à pied (25') le ch. de Tournoël. Ce trajet, en partie ombragé sous de beaux châtaigniers, offre une vue merveilleuse sur la ville de Riom et la *plaine de la Limagne*, limitée à l'est par les *monts du Forez*. Au hameau de Tournoël (**1.3**), on peut aussi laisser sa machine et faire à pied les trois cents m. qui séparent du château (**0.3** — durée de la visite : 15' — pourboire : 50 c.).

Du château de Tournoël redescendre à Volvic (**1.6**).

Dépassant la gendarmerie de Volvic, trois cents m. plus bas (**0.3**), on doit encore quitter la r. de Riom (6.4), si on désire visiter la jolie station thermale de Châtelguyon, et descendre à g. le ch. qui y conduit.

Ce ch., passant au-dessous de la butte sur laquelle s'élève le château de Tournoël, traverse les pittoresques hameaux du Lac (**0.5**), de Crouzol (**1** — petite montée : 1') et le village escarpé d'Enval (**1** — Se renseigner sur la direction à suivre dans cette localité).

Depuis l'entrée d'Enval, le ch. devient mauvais et il faut se résigner à faire à pied une partie du parcours (30'). On gravit une côte tracée au milieu de vergers et de vignes, plantés gracieusement à flanc de colline; puis on descend au village de Saint-Hippolyte (**2**). De Saint-Hippolyte, il n'y a plus que trois cents m. à parcourir pour rejoindre (**0.3**) la bonne r. de Riom (6.3) à Châtelguyon.

Ici, à la bifurcation, laisser la première r. à g. allant à Rochepradière (0.6) et descendre la deuxième r. qui mène, également à g., dans un pittoresque ravin bordé de beaux rochers. Bientôt on passe devant l'entrée de la *Source Marie* (**0.7**), en vue du nouvel établissement thermal de Châtelguyon.

Monter la r. à g. jusqu'à hauteur du monumental hôtel du *Parc* (**0.2**); là, laissant devant soi le ch. du village de Châtelguyon (0.8), on descendra à dr. le ch. des *Bains*. Une pente rapide, devant d'élégants hôtels, conduit à une place sur laquelle est situé le *Grand hôtel des Bains* (**0.3**).

On pourra laisser sa machine en garde au Grand hôtel des Bains pour aller visiter les deux établissements thermaux de Châtelguyon (eaux laxatives et reconstituantes très efficaces contre les maladies des reins et du foie), le Casino et le Parc.

A g. de l'hôt. des Bains suivre l'avenue, bordée des magasins habituels aux villes d'eaux, et, à l'extrémité de cette avenue, continuer à dr. par la r. de Riom. Celle-ci, après une côte (3'), descend doucement; puis monte de même à travers des vignobles; belle vue de la chaîne des Dômes et du Puy de Dôme. Dépassant une petite tranchée, on descend ensuite rapidement vers la plaine fertile qui entoure Riom.

Toutefois, c'est par une rampe assez longue, mais faisable, qu'on approche de la ville. La r., ayant contourné le cimetière, aboutit (**5.1**) au faubourg de *Mosac*. Tournant à g. vous traversez une grille et bientôt vous arrivez, à l'entrée de Riom (**0.3** — Ch.-l. d'arr. — 11.189 hab.), aux boulevards circulaires.

Tourner à g. sur le boulevard du *Château-d'Eau*, puis, immédiatement à dr., sur la place de la *Halle-au-Blé*; ensuite traverser la ville (Pavé : 8') par les rues *Saint-Amable* et de l'*Hôtel-de-Ville*. Cette dernière mène à la place *Desaix*, où se trouve situé le *Grand-Hôtel* (**0.8** — Café du *Puy-de-Dôme*).

Visite de la ville de Riom (environ 1 h.). — La Sainte-Chapelle. — Le musée Mandet. — La maison des Consuls. — La tour de l'Horloge. — Les églises Notre-Dame-du-Mathuret et de Saint-Amable. — Anciennes maisons. — Promenade du Pré-Madame.

DE RIOM A VICHY

PAR LE CHEIX, AIGUEPERSE, EFFIAT, SAINT-GENEST-DU-RETZ, GANNAT ET COGNAT

Distance : **51** kil. **400** m. *Pavé* : **11** min. *Côtes* : **35** min.

Nota. — Excellente route qui peut être raccourcie de sept kil. si on ne visite pas le château d'Effiat. Côtes insignifiantes.

Quittant le *Grand-Hôtel* on contournera la ville de Riom en descendant à dr. le boulevard du *Palais*, qui passe entre la promenade du *Pré-Madame* et le *Palais de Justice*. Au bas de la descente, au-dessous du vaste bâtiment de la *Maison centrale de détention*, tourner à dr. dans le faubourg de *Layat*. A la sortie du faubourg la belle et large r. de Gannat, bordée de peupliers, s'éloigne des montagnes d'Auvergne et traverse la *Limagne*, vallée plaine, fertile en champs, vignobles et prairies, parsemés d'arbres; à g., se détache (**1.3**) la r. de Saint-Bonnet (3) et de Montluçon (74).

Laissant à dr. (**0.9**) le ch. de Randan (23.6), par Varennes (6.5), on gravit (8') un monticule planté de vignes; puis la r. ondule ne présentant que de courtes rampes enlevables.

On passe sous la *ligne de Clermont-Ferrand à Gannat* (**5**) et on franchit la rivière de la *Morges* avant de traverser Le Cheix (**1.5**), village suivi d'une petite montée et d'un raidillon (1'). Ayant ensuite croisé (**2.2**) le ch. de

Sardon (4.6) à Auliat (1), gravi quatre côtes insignifiantes et laissé à dr. (4.7) le ch. d'Ennezat (14.1), on passe de nouveau sous la ligne du ch. de fer pour entrer dans Aigueperse (Ch.-l. de c. — 2.311 hab.).

Cette localité, située au croisement (**0.2**) du ch. de Thuret (7.5) à Maringues (7.5), se compose d'une longue rue où l'on remarque successivement: la halle à g., l'église Notre-Dame, à dr., et enfin l'hôtel de ville, à g., dont l'entrée est surmontée d'un beffroi avec personnage sonnant les heures.

Le cycliste, parvenu à hauteur de l'hôt. *Saint-Louis* (**0.9**), où il pourra déjeuner, aura ensuite le choix: soit de continuer directement la r. de Gannat (8,7), soit de faire un détour, allongeant de sept kil., qui lui permettra de visiter le *château d'Effiat*.

Pour se rendre à Effiat il faut prendre à dr., vis-à-vis l'hôt. *Saint-Louis*, la r. de Randan (13.5). Celle-ci passe sous la ligne du ch. de fer et, après une petite montée, descend dans la plaine en laissant à g., à une certaine distance, la butte de Montpensier sur laquelle s'élevait jadis le *château de Montpensier* dont il ne reste aujourd'hui aucun vestige.

Plus loin, à hauteur de la *borne 53.2* (**3.5**), abandonner la r. de Randan et suivre à g. le ch. d'Effiat. Celui-ci aboutit dans le village d'Effiat (**1.9**), au croisement du ch. de Montpensier (3) à Vichy (15.5), vis-à-vis l'avenue pavée, bordée de tilleuls, qui conduit à la porte monumentale du château.

S'engageant sur cette avenue (Pavé : 6', aller et retour) on se rendra au **château d'Effiat** (**0.3**), propriété de M. de Moroges qui en autorise la visite.

Du château, revenir au ch. de Montpensier (**0.3**) et le suivre à dr. (Pavé : 2'). Six cents m. plus loin, ce ch. tourne brusquement à dr. et s'élève légèrement entre deux rangées de noyers; laissant à g. (**1**) la direction de Montpensier (2), on continuera tout droit vers Saint-Genest-du-Retz. Après une petite côte (5'), le ch. descend doucement et gagne Saint-Genest-du-Retz par une avenue d'ormes.

A l'entrée de ce village (**3**) on tourne à dr., puis à g., pour passer devant l'église, gravir une petite montée (2' et, ayant traversé le passage à niveau du ch. de fer, rejoindre (1.2) la r. d'Aigueperse à Gannat.

La r. de Gannat, à dr., plate, passe (1.2) du département du Puy-de-Dôme dans celui de l'Allier, et entre dans Gannat (Ch.-l. d'arr. — 5.761 hab.) par le faubourg *Saint-James* (Pavé : 3').

Parvenu à hauteur de la *Gendarmerie* (2.3), vis-à-vis le pont qui traverse le ruisseau d'*Andelot*, la r. de Vichy tourne brusquement à dr. en laissant la ville à g. Deux cents m. plus loin, on passe devant une passerelle, pour piétons (0.2), qu'il faudrait traverser si on voulait faire étape à Gannat.

En traversant la passerelle, à g., et en suivant à dr. le petit quai en bordure du ruisseau, on arrive à une place plantée de platanes, vis-à-vis le café de la *Rotonde*. A g., se trouve l'entrée de l'hôt. de la *Poste* (0.2).

Visite de la ville de Gannat. — L'église Sainte-Croix. — L'ancien château transformé en maison d'arrêt. — Vieilles tours.

Excursion recommandée au départ de Gannat. — **A Ebreuil** et au **château de Veauce** (**31** kil. **300** m., aller et retour).

Itinéraire: Sortir de l'hôt. de la *Poste* par la rue du *Collège* (Pavé : 5') qu'on suivra à dr.; puis, passant devant la *Caisse d'Epargne*, monter à g. la rue *Notre-Dame*. Plus haut, on coupe la *Grande-Rue* et, ayant traversé une petite place, on se laissera guider à g. par la direction des fils du télégraphe. On suit ainsi la rue du *Four-Banal*, où se trouve le bureau de poste, et on arrive à la place du *Château-d'Eau* où cesse le pavage. Continuer vis-à-vis par la rue des *Augustins* dont le prolongement, la rue des *Jonchères*, est le début de la r. d'Ebreuil. Longue côte de deux kil. et demi (35') pour franchir la haute colline qui sépare la vallée de l'*Allier* de celle de la *Sioule*. La r. décrit une grande courbe à dr. et, après une petite montée (2), descend rapidement en lacets pendant trois kilomètres.

En arrivant à Ebreuil (Ch.-l. de c. — 2.267 hab.), on traverse la *Sioule*, aux bords ombragés, et on entre en ville par la rue du *Pont*. A l'extrémité de cette rue, vis-à-vis la *Gendarmerie* (**10.3**), tourner à g. et se rendre à l'hôt. recommandé du *Commerce* (**0.1**) où on pourra déjeuner et laisser sa machine.

Dans Ebreuil, visiter l'église de l'ancien monastère, monument très remarquable.

De l'hôt. du *Commerce*, revenir à la *Gendarmerie* (**0.1**) et suivre à g. la r. de Vicq en remontant (Côte : 5') la belle vallée de la *Veauce*.

Ayant dépassé le village de Vicq (2.8), on arrive au carrefour des *Quatre-Routes* (0.8). Ici, tourner à g. sur le ch. de Sussat et, après l'avoir parcouru pendant un kil. (1), l'abandonner pour descendre à dr. le ch. de Veauce. Un kil. plus loin, ayant traversé le ruisseau, on gravira la côte (15') qui conduit à l'entrée du *château de Veauce* (2.5 — visible seulement pendant le séjour du propriétaire).

Du château, redescendre au carrefour des Quatre-Routes (3.5) et continuer devant soi par la r. de Saint-Bonnet. Celle-ci traverse une grande plaine légèrement montante croise, au village de Saint-Bonnet (3.0), le ch. d'Ebreuil (5.5) à Charmeix (5 5); puis, s'élevant encore un peu, atteint le commencement d'une belle descente dans le ravin pittoresque de la *Sioule*.

On traverse cette rivière (2.1) au-dessous du viaduc de la *ligne de Commentry à Gannat*, véritable merveille de hardiesse et de légèreté, et on suit quelque temps le cours de la rivière, ici resserrée dans une très belle gorge de rochers. Plus loin, une côte de deux kil. (30'), pendant laquelle on passe sous un second viaduc, mène sur le plateau qui sépare la vallée de la Sioule de celle de l'Allier.

Au village de Mazerier (4.4) on coupe le ch. de Begues (3.8) à Saulzet (2.7) et, par une belle descente vers la vaste plaine de la Limagne, on revient à Gannat (2.3).

Dans la ville, suivre la *Grande-Rue* (Pavé : 5') jusqu'à la rue *Notre-Dame* où on tournera à g. Au bas de la rue Notre-Dame, la rue du *Collège*, à dr., ramène à l'hôt. de la *Poste*. (0.5).

La r. de Vichy croise le boulevard circulaire qui entoure Gannat, puis traverse le pont du ch. de fer, en vue de la station; à dr. se détache (0.6) le ch. de Biozat (6.4). On traverse la fertile plaine de la Limagne dans toute sa largeur en descendant doucement vers un ruisseau (3.2), affluent de l'*Andelot*.

Après une montée légère, et avoir dépassé l'intersection (1.1) du ch. de Biozat (2.8) à Escurolles (4.5), on arrive au hameau de Lyonne (0.6) d'où une descente douce ramène aux bords d'un nouveau ruisseau.

Côte de six cents m. (7') pour atteindre le village de Cognat (2.1), dont l'église isolée est située sur un monticule à dr.; ensuite descente d'un kil., précédant le ruisseau du *Baron*, suivie d'une côte très dure (9').

Dépassant (4.9) un nouveau ch., allant vers Escurolles (9), à g., on s'élève encore (Côte : 3') jusqu'au hameau de Champ-Roubeau (1.5). A partir de cette localité une magnifique descente, dominant un gracieux vallon à dr., mène dans la vallée de l'*Allier*.

Au bas de la descente on rejoint (**1.3**) la r. venant de Saint-Pourçain (25.3), et on passe aux Chambons (**1.4**), sorte de faubourg dépendant de la commune de Vesse, située à six cents m. sur la dr. Du même côté, en bordure de la r., s'élève le pavillon de la *source intermittente de Vesse* (*V.* page 12).

Trois cents m. plus loin (**0.3**), on traverse l'Allier et on entre dans Vichy (10.870 hab.). De l'autre côté du pont, laissant à dr. et à g. les magnifiques quais de la digue de défense, on prendra presqu'aussitôt à g. le boulevard *National*, puis la *troisième* rue à dr., dont le prolongement, après la place de l'*Hôtel-de-Ville*, la rue du *Casino*, conduit à la rue de *Nîmes*. Celle-ci, à g. du débit de tabac, mène à l'angle de la rue de *Paris* où se trouve situé à dr. l'hôt. du *Louvre* (**1.3** — Atelier de réparation pour les machines : chez M. *Avard*, fils, 26, rue *Cunin-Gridaine*).

Visite de la ville de Vichy (environ 2 h. 1/2). — L'église Saint-Louis. — Le passage Gibouin. — Le Casino (salles visibles de 10 h. à 11 h., le matin, et de 5 h. à 6 h. du soir pour les personnes non abonnées). — Le Parc. — L'Etablissement thermal (bains de 1re et de 2e classes). — La Pastillerie. — Le Nouveau Parc (longue et large bande de magnifique jardin anglais s'étendant entre le boulevard National et le beau quai de l'Allier). — Le Pavillon Sévigné. — Le Parc et l'Etablissement des Célestins. — La Maison du Bailliage (ou Gravier). — L'église Saint-Blaise. — La Tour de l'Horloge (belle vue — pourboire : 50 c.). — Le Pavillon de la source de l'Hôpital. — Le Marché couvert.

Excursions recommandées au départ de Vichy. — Parmi les nombreuses excursions qui peuvent être faites aux environs de Vichy, nous mentionnerons particulièrement la suivante pour le cycliste ne pouvant disposer que d'une seule journée. Elle permet de visiter successivement la ville de **Cusset**, la gorge et les points de vue des **Malavaux**, l'**Ardoisière**, les châteaux de **Bourbon-Busset** et de **Maumont**, ainsi qu'**Hauterive**, autant de buts de promenade très fréquentés par les baigneurs de Vichy (**52** kil. **900** m., aller et retour).

Itinéraire : Au sortir de l'hôt. du *Louvre* monter, à dr., la rue de *Paris*, puis prendre la 7e rue à g., ou *route de Cusset*, avenue ombragée, qui, un peu plus loin, longe la voie des tramways. A l'entrée de Cusset (**2.8** — Ch.-l. de c. — 6.454 hab. — Plusieurs vieilles maisons), on laisse à g. le petit établissement thermal des *Bains Sainte-Marie* (eaux similaires à celles de Vichy) et on arrive sur la place du *Centenaire de la République*. Continuant devant soi par le cours *Tracy* on gagnera la place de la *République* (**0,1**), où s'élève l'abri du *Poids Public*. Ici, monter à g. (3') le faubourg *Saint-Antoine* et suivre la r. de la Palisse jusqu'à la *borne 19* (**1,2**) où on prendra à dr. le ch. des Malavaux.

Celui-ci remonte doucement le vallon sauvage du *Joland* (deux passerelles) et atteint, près d'un café-restaurant, l'entrée (**2**) du ravin des *Malavaux*. Laissant sa machine en garde au café on ira visiter à pied (45' aller et retour — rétribution : 50 c.) le *plateau de la Couronne* (très belle vue) avec son petit musée archéologique, élevé sur l'emplacement d'un ancien château de l'Ordre des Templiers, le *Puits du Diable*, la *Fontaine des Sarrasins* et le *Belvédère*.

Des Malavaux, revenir à Cusset à la place de la *République* (**3,2**), où se trouve l'abri du *Poids Public*, et prendre de suite à g. la rue des *Prés-Ferrés* qu'on suivra jusqu'à hauteur du n° 5. Ici, tourner à dr. dans la rue de l'*Ardoisière*, puis presqu'aussitôt à g., sur la r. de Ferrières (2° à g.). Celle-ci remonte doucement le gracieux et frais vallon du *Sichon*, en partie resserré entre de hautes collines boisées. Après le village des Grivats (**2,1**), franchissant la rivière, on gravit une petite côte (6'). Au bas de la descente qui succède se trouve à g., de l'autre côté d'un pont, l'entrée du café-restaurant de l'*Ardoisière* (**1,1** — admission : 50 c. — dans le petit parc de cet établissement, on visite le *Gour Saillant*, jolie cascade formée par le Sichon et située à trois cents m. en aval).

Dépassé l'Ardoisière la r. franchit de nouveau la rivière, sort des bois et atteint le pont du Gué Chervais (**2,1**). A cet endroit, quittant la r de Ferrières, tourner à dr. sur le ch. de Busset, traverser encore le Sichon, ensuite gravir la côte, longue de trois kil. (45'), menant à Corres (**3**). De Corres à l'intersection (**2**) du ch. de Lachaux, le sol reste à peu près plat pendant quinze cents m., puis on s'élève pendant encore un kil. (15'). Au ch. de Lachaux, tourner à dr. pour se diriger vers l'intérieur du village de Busset et s'arrêter à l'hôtel-restaurant recommandé *Cordier* (**0,5**), où on laissera sa machine en garde pendant la visite du *château de Bourbon-Busset* (visible tous les jours de 1 h. à 4 h. — pourboire : 50 c.), appartenant au comte de Bourbon-Busset.

Après avoir visité le château de Busset, et s'être rafraîchi au café *Cordier*, reprendre sa machine et descendre à Saint-Yorre. Rapide descente en lacets de quatre kil. et demi, avec magnifique vue sur la plaine de la Limagne et les monts d'Auvergne.

A Saint-Yorre (**4,5** — eau minérale renommée), à l'angle du restaurant des *Sources*, on rejoint la r. de Vichy à Thiers. Ici le cycliste, selon l'heure, aura le choix : soit de revenir directement à Vichy (8.7 — deux petites côtes 5' et 4'), par l'Abrest, soit de continuer son excursion comme il suit :

Tournant à g. sur la r. de Thiers, après une courte montée, on parcourra sept kil. à plat pour atteindre, à hauteur de la *borne 93.5* (**7**), le ch. de Limons. Prendre ce ch. à dr., traverser le passage à niveau du ch. de fer; puis, un peu plus loin, l'Allier sur le pont suspendu de Ris (péage 5 c.). Laissant à g. (**2**) le ch. de Limons on continuera à dr. dans la direction de Saint-Priest; terrain médiocre. Parvenu au hameau du Guérinet (**1.6**), on aperçoit vis-à-vis, sur la hauteur, le *château de Maumont* (situé à un kil. du Guérinet — visible le dimanche et le jeudi — pourboire : 50 c.).

Le ch. de Vichy tournant à dr., s'améliorant, passe au pied des collines qui limitent de ce côté la vallée de l'Allier et, successivement, traverse le village de Saint-Priest (**1.2**), ainsi que plusieurs petits hameaux, laisse à dr. le château de la Poivrière (**2.7**), dépasse les Caires (**1**) et atteint Hauterive (**3.6**), où sont exploitées plusieurs sources d'eau minérale. Continuant à travers une plaine d'alluvion vous rejoignez (**4**), à l'entrée du pont de Vichy, la r. de Gannat.

Tournant à dr., traverser le pont et, quelques m. plus loin, prendre à g. le boulevard *National*, puis la *troisième* rue à dr. dont le prolongement, après la place de l'*Hôtel-de-Ville*, la rue du *Casino* conduit à la rue de *Nîmes*. Celle-ci, à g. du débit de tabac, ramène à l'hôt du Louvre (**1.3**).

B. — Au point de vue de la **Montagne-Verte** (**14** kil. **100** m., aller et retour).

Itinéraire: Au sortir de l'hôt. du *Louvre*, tourner à g., puis prendre de suite à dr. la rue de *Ballore*. Successivement on coupe l'avenue *Victoria* et le boulevard du *Sichon*; on traverse le canal du *Sichon* et, un peu plus loin, la rivière de ce nom. Après le pont du chemin de fer commence la côte de *Chante-Grellet* (20'), partagée par le croisement (**2.5**) du ch. de Boutiron à Cusset. Continuant devant soi, parvenu au hameau de La Chaume-Guinard (**0.9**), on laissera sa machine en garde à l'une des maisons voisines et on gravira à pied (8') le ch. escarpé, indiqué à dr. par un poteau, conduisant au café-restaurant de la *Montagne-Verte* (entrée : 1 fr. — belvédère avec lunette d'approche).

De la Montagne-Verte, redescendre à La Chaume-Guinard (6'), ensuite au croisement (**0.9**) du ch. de Boutiron à Cusset. Ici, se diriger à dr. vers Boutiron. Belle descente dans la vallée de l'Allier. On passe sous la ligne du ch. de fer et on traverse la rivière sur un pont suspendu (**1.5**).

De l'autre côté de l'Allier, le ch. rejoint (**1.8**) la r. de Saint-Pourçain à Vichy; tourner à g. dans cette direction (à dr., à 500 m., le *château de Charmeil*, jolie villa entourée de magnifiques tilleuls, renferme un café-restaurant où on pourra se rafraîchir).

La r. longe à une certaine distance la rive g. de l'Allier, traverse un ruisseau et monte (5') au hameau de Montpertuy (**1**). On laisse à g. (**0.5**) le hameau des Calabres; puis on rejoint (**2**) la r. de Gannat à Vichy qui passe aux Chambons (**1.4**).

Des Chambons à l'hôt. du *Louvre*, dans Vichy (**1.6**), *V.* page 124.

C. — Aux ruines du **château de Montgilbert** (**45** kil. **800** m., aller et retour).

Itinéraire : De Vichy à la place de la *République*, à Cusset (**3.2**), *V.* page 124, et de la place de la *République* au pont du Gué Chervais (**3.9** — Côte : 6'), *V.* page 125.

Au delà du pont du Gué Chervais, la vallée, élargie, se déboise, tandis que le *Sichon* arrose de vertes prairies; deux petites côtes (3' et 5'). Après Arronnes (**4.5**), on gravit une côte de quatre kil. (1 h.) à travers une région fortement mouvementée; puis on descend légèrement. La r. oblique ensuite à dr. et s'élève encore pendant un kil. (15') pour atteindre les auberges du hameau de Châtelrignon (**6.3**).

C'est à Châtelrignon qu'on devra laisser sa machine en garde, si on veut aller visiter les ruines du *château de Montgilbert* (à pied : 1 h. 30', aller et retour; se faire indiquer le ch. par une personne du pays).

De Châtelrignon à Vichy (**22.9**), le retour s'effectuera par la même r. suivie à l'aller. Descente presque continuelle sauf trois montées insignifiantes.

D. — Au **château de Randan** (**28** kil. **200** m., aller et retour), *V.* page 11.

E. — A **Ebreuil** et au **château de Veauce**, par Gannat (**72** kil. **000** m., aller et retour), *V.* page 122.

F. — Aux **ruines du château de Billy** (**31** kil., aller et retour).

Itinéraire : De Vichy à la place du *Centenaire de la République*, à Cusset (**2.8**), *V.* page 125.

Dans Cusset, prendre à g. du café du *square Morand* la rue de *Beaulieu*, début de la r. de Saint-Germain-des-Fossés. Celle-ci traverse un ruisseau, affluent du *Sichon*, puis s'élève (Côte : 12') à travers une jolie campagne jusqu'au hameau du Crépin (**2.0** — montée : 2'). On descend ensuite vers le hameau du Chaume (**2.5**), dépendant du village de Creuzier-le-Neuf, situé à g. sur un monticule. A la bifurcation, passant entre le ch. de Creuzier-le-Neuf (0.8), et celui des Guittons (2.5), on continuera par la r. du milieu.

Elle décrit une forte courbe à g. et gravit une côte (8'), au-dessous du *château de Charmont;* il n'y a plus ensuite qu'à se laisser descendre. A l'entrée de Saint-Germain-des-Fossés (**3.5**), on franchit le pont du ch. de fer et, à l'extrémité de ce bourg, rivière du *Morgon*, puis on passe sous la voûte de la voie ferrée (**0.5**).

De l'autre côté de la voûte, suivre un moment à g. le talus de la ligne, ensuite monter à dr. (2') la r. de Billy, en laissant à g. le ch. qui conduit à la station de Saint-Germain-des-Fossés (0.2 — buffet renommé).

La r. s'élève légèrement (Côte : 4') jusqu'à la bifurcation (**1.5**) du ch. de Saint-Félix (9.1), laissé à dr., puis descend à g.; jolie échappée de vue sur la vallée de l'Allier. Après une petite montée apparaît, entre les arbres, le village pittoresque de Billy dont les maisons sont groupées au pied des ruines imposantes de l'ancienne forteresse féodale.

Dans le village continuer à monter la r. (2') jusqu'à hauteur de l'hôt. du *Commerce* (**1.8**). Vis-à-vis l'hôt. (où on pourra laisser sa machine en garde), une ruelle, à g., mène (3') à l'entrée des ruines (pourboire : 25 c.).

De Billy à Vichy (**15.5**) le retour s'effectue par la même route.

Paris. — Imp. C. Lamy, 124, boulevard de La Chapelle.

www.ingramcontent.com/pod-product-compliance
Ingram Content Group UK Ltd.
Pitfield, Milton Keynes, MK11 3LW, UK
UKHW021102200726
13857UKWH00003B/1059